Ihre Arbeitshilfen zum Download

Die folgenden Arbeitshilfen stehen für Sie zum Download bereit:

- – Übungen
- – Selbsttest
- – Potenzialverschwendungstest
- – Checklisten

Den Link sowie Ihren Zugangscode finden Sie am Buchende.

Punkten Sie mit Ihren Stärken

Doris Brenner
Frank Brenner

Punkten Sie mit Ihren Stärken

Erfolgreiches Selbstmarketing im Job

Doris Brenner
Frank Brenner

2. Auflage

Haufe Gruppe
Freiburg · München

Bibliografische Information der Deutschen Nationalbibliothek
Die Deutsche Nationalbibliothek verzeichnet diese Publikation in der Deutschen
Nationalbibliografie; detaillierte bibliografische Daten sind im Internet über
http://dnb.dnb.de abrufbar.

Print	ISBN: 978-3-648-07321-6	Bestell-Nr. 00244-0002
EPUB	ISBN: 978-3-648-07322-3	Bestell-Nr. 00244-0101
EPDF	ISBN: 978-3-648-07323-0	Bestell-Nr. 00244-0151

Doris Brenner, Frank Brenner
Punkten Sie mit Ihren Stärken
2. Auflage 2015

© 2015 Haufe-Lexware GmbH & Co. KG, Freiburg
www.haufe.de
info@haufe.de
Produktmanagement: Anne Rathgeber

Lektorat: Ulrich Leinz, Berlin
Satz: kühn & weyh Software GmbH, Satz und Medien, Freiburg
Umschlag: RED GmbH, Krailling
Druck: Beltz Bad Langensalza GmbH, Bad Langensalza

Inhaltsverzeichnis

Vorwort

Was Ihnen dieses Buch bietet

Sie wollen sich persönlich und beruflich weiterentwickeln, mehr Verantwortung übernehmen oder ganz neue Tätigkeitsfelder erschließen? Vielleicht sind Sie sich nicht ganz sicher, ob Sie „das Zeug dazu haben" mehr zu erreichen. Sie sehen anderen beeindruckt zu, wie diese einen Erfolg nach dem anderen erzielen, und wissen nicht so recht, was Sie tun können, um selbst die Anerkennung und Wertschätzung zu erhalten, die Sie verdienen. Nützen Sie Ihre Potenziale wirklich aus, oder bleiben Sie hinter Ihren Möglichkeiten zurück? „Punkten Sie mit Ihren Stärken". Indem Sie sich mit diesem Buch beschäftigen, haben Sie einen ersten wichtigen Schritt getan, um eingefahrene Bahnen zu verlassen und mehr aus sich und Ihren Fähigkeiten zu machen. Schließlich hat eine Vielzahl von Faktoren Einfluss darauf, ob Sie die Anerkennung erhalten, die Sie verdienen. Überträgt man Ihnen anspruchsvolle Aufgaben, bei denen Sie Ihre Stärken zum Einsatz bringen können? Finden Sie persönliche Zufriedenheit, bei dem was Sie tun und wofür Sie Ihre Energie einsetzen? Mit diesem Buch werden wir Sie wie in einem Coachingprozess Schritt für Schritt auf Ihrem Weg begleiten. In meiner beruflichen Praxis als Karriereberaterin erlebe ich immer wieder mit Schrecken, wie wenig Menschen über sich selbst wissen und wie weit Selbst- und Fremdbild voneinander abweichen können. Dies führt nicht nur im Berufsalltag sondern in allen Lebensbereichen zu Enttäuschungen, Ärger und letztendlich auch zu einem Verlust an Selbstvertrauen.

Lernen Sie sich kennen. Gehen Sie zunächst auf eine spannende Entdeckungstour zu sich selbst und gönnen Sie sich den Luxus, Zeit in die Beschäftigung mit sich zu investieren — es lohnt sich!

- Wo sind meine Stärken?
- Auf welchen Gebieten habe ich schon überdurchschnittliche Leistungen gebracht?
- Wofür brenne ich und was strebe ich wirklich an?
- Wie kann ich das, was in mir steckt, am besten zur Geltung bringen?

Anhand zahlreicher Übungen und Tests erarbeiten Sie sich eine solide Ausgangsbasis, um Ihre weitere berufliche Ausrichtung zielgerichtet und erfolgreich in Angriff nehmen zu können. Nach dieser Standortbestimmung Ihrer Qualifikationen, Möglichkeiten und Ziele werden Sie ein wesentlich klareres Bild von sich selbst haben.

Je genauer Sie sich kennen, je realistischer Ihre Vorstellungen sind, desto höher ist die Wahrscheinlichkeit, dass Sie das, was Sie anstreben, auch erreichen werden. Und Sie werden viel über die „geheimen" Erfolgsfaktoren lernen, die einen nicht zu unterschätzenden Einfluss auf Ihre weitere Entwicklung ausüben, allen voran ein überzeugendes und in sich stimmiges Selbstmarketing.

Wir wünschen Ihnen auf jeden Fall viel Spaß und Ihren persönlichen Sieg, indem Sie das erreichen, was Ihnen wirklich wichtig ist.

Doris und *Frank Brenner*

Wie Sie dieses Buch am besten nutzen

Das Ihnen vorliegende Buch ist in unterschiedliche Themenbereiche gegliedert. Es hat sich in der Praxis bewährt, auf jeden Fall zunächst die Einstiegstests zu machen, um die eigene Ausgangsbasis, von der aus Sie starten, zu dokumentieren. Für die meisten Menschen ist es am sinnvollsten, wenn sie damit beginnen, sich mit ihren Qualifikationen und ihrer Persönlichkeit zu beschäftigen. Starten Sie dort, wozu Sie am meisten Lust haben, dies kann nach dem Potenzialverschwendungstest auch gleich das Thema Selbstmarketing sein.

Ihr Arbeitstempo bestimmen Sie selbst. Es gibt Menschen, die dieses Buch innerhalb weniger Tage bearbeiten, für andere erstreckt sich der Prozess über mehrere Monate. Entscheidend ist, dass Sie das Gefühl haben, Schritt für Schritt voranzukommen, mehr über sich zu erfahren und Erkenntnisse in der Praxis auch umsetzen zu können.

Wenn Ihnen eine einzelne Übung besonders schwerfallen sollte, beißen Sie sich nicht daran fest, sondern machen Sie mit einer anderen Übung weiter. Wenn Sie zu einem späteren Zeitpunkt wieder zu der ursprünglichen Übung zurückkommen, fällt sie Ihnen vielleicht leichter.

Versuchen Sie, die Übungen möglichst entspannt und ausgeruht zu machen. Suchen Sie sich einen Platz, an dem Sie ungestört sind und sich wohl fühlen. Ein Glas guten Weins oder leise Musik können dabei nützlich sein.

Eine große Hilfestellung kann auch die Durchführung der Übungen in kleinen Teams sein. Indem Sie sich regelmäßig mit anderen Menschen treffen und sich über den bisherigen Verlauf Ihrer Entwicklung austauschen, erhalten Sie neue Anregungen und zusätzliche Motivation. So lassen sich kleine Durchhänger oder Hemmnisse wesentlich besser überwinden, und positive Erfahrungen von Gruppenmitgliedern spornen zusätzlich an.

1   Gut sein allein genügt nicht

1.1   Der Potenzialverschwendungstest

Das kann doch alles gar nicht sein. Da haben Sie viel Energie in ein Projekt gesteckt, konnten auch tolle Ergebnisse erzielen — und doch werden diese nicht wirklich anerkannt und honoriert. Gleichzeitig sind Sie immer wieder verblüfft, wie andere Menschen, die nicht Ihr Wissen, Ihre Erfahrung und Ihre Intelligenz haben, als die großen Leistungsträger gefeiert werden. Daher wollen wir zunächst einmal mit dem nachfolgenden kleinen Test sehen, ob Sie Ihr Potenzial auch wirklich zielgerichtet nutzen.

Der Potenzialverschwendungstest

Geben Sie bitte zu den folgenden 12 Aussagen Ihre persönliche Meinung wieder. Antworten Sie dabei jeweils entweder mit ja, wenn die Aussage Ihrer Überzeugung entspricht oder mit nein, wenn Sie die Meinung nicht teilen.

Aussagen	ja	nein
Selbstmarketing ist nur was für Angeber!		
Auf die fachlichen Leistungen kommt es in erster Linie an.		
Smalltalk ist mir ein Graus, ich komme lieber direkt zur Sache.		
Äußerlichkeiten sind mir nicht wichtig, was zählt sind die inneren Werte.		
Ich arbeite mehr als meine Kollegen, aber das wird nicht honoriert.		
Ich habe aufgrund der vielen Arbeit, die zu erledigen ist, keine Zeit für Plaudern.		
Kontakte zu nutzen, um etwas zu erreichen, ist mir zuwider. Das hat so einen negativen Beigeschmack.		
Ich stehe nicht gerne im Rampenlicht und lasse lieber andere meine Arbeitsergebnisse präsentieren.		
Meine Kollegen wissen oft mehr als ich darüber, was in unserer Firma so läuft.		

Aussagen	ja	nein
Meine fachlichen Leistungen sind nachweislich sehr gut, doch bisher hat sich das nicht in meiner beruflichen Entwicklung bezahlt gemacht.		
Ich gehe nicht gerne auf andere Menschen zu.		
Mit den Menschen, mit denen ich beruflich zu tun habe, rede ich nichts Persönliches.		

Die Auswertung des Potenzialverschwendungstests finden Sie am Anfang von Kapitel 4. Nun lassen Sie uns Schritt für Schritt Ihren Weg zum beruflichen Erfolg beginnen!

1.2 Selbsttest: Wie gut kennen Sie sich und Ihre Stärken?

Als Einstieg in unser Coachingprogramm geht es zunächst einmal darum, zu erfahren, was Sie bereits über sich wissen. Es ist sinnvoll jetzt zu Beginn den Test durchzuführen, damit Sie die Ausgangsbasis kennen, von der aus Sie starten. Kreuzen Sie jeweils die Antworten an, die Ihrer persönlichen Einschätzung am nächsten kommen. Und beantworten Sie dazu bitte ehrlich die nachfolgenden Fragen.

Selbsttest: Was wissen Sie über sich?

1	Kennen Sie Ihre persönlichen Stärken im Vergleich zu anderen Menschen?
a)	Ja, ich kenne meine Stärken und kann mich im Vergleich zu anderen Menschen realistisch einschätzen.
b)	Ich kenne meine Stärken, bin mir aber nicht sicher, wie sie im Vergleich zu anderen Menschen zu bewerten sind.
c)	Ich bin mir meiner Stärken nicht so richtig bewusst.
d)	Ich glaube, ich habe keine besonderen Stärken im Vergleich zu anderen Menschen.

2	**Haben Sie in der Vergangenheit regelmäßig eine Bestandsaufnahme Ihrer beruflichen Situation vorgenommen?**
a)	Ja, mindestens einmal im Jahr.
b)	Nicht regelmäßig, aber ab und zu.
c)	Ich habe mir schon einmal Gedanken darüber gemacht.
d)	Bisher habe ich das noch nicht gemacht.

3	**Haben Sie klare Ziele, wohin Ihre weitere berufliche Ausrichtung gehen soll?**
a)	Ja, ich habe klare Vorstellungen und weiß, wie ich diese Ziele erreiche.
b)	Ich habe Fernziele, die ich erreichen möchte.
c)	Mir schwirren viele Dinge durch den Kopf, aber klare Ziele habe ich nicht definiert.
d)	Ich habe keine klare Vorstellung davon, wohin ich mich beruflich entwickeln möchte.

4	**Sind Sie sich Ihrer Qualifikation bewusst und können Sie sie nachvollziehbar belegen?**
a)	Ich kenne meine Kompetenzen und kann sie belegen.
b)	Ich denke, ich weiß, was ich kann. Es fällt mir jedoch oft schwer, das auch anderen nachvollziehbar zu vermitteln.
c)	Ich bin oft unsicher, ob das, was ich kann, sich von anderen wirklich abhebt.
d)	Ich habe mir bisher nie richtig Gedanken darüber gemacht, was ich wirklich kann.

5	**Bilden Sie sich regelmäßig in Ihrem Fachgebiet weiter?**
a)	Ja, Weiterqualifizierung ist für mich eine zentrale Aufgabe, um auch zukünftig auf dem Arbeitsmarkt wettbewerbsfähig sein zu können. Hierzu investiere ich auch Freizeit und eigene finanzielle Mittel.
b)	Ich schaue mich schon um, was sich in meinem Fachgebiet tut, und lese entsprechende Zeitschriften.
c)	Wenn mein Arbeitgeber Schulungsmaßnahmen anbietet, nutze ich diese.
d)	Ich habe eine gute Ausbildung, das müsste doch reichen.

6	**Kennen Sie alternative berufliche Möglichkeiten, die Sie mit Ihrer Qualifikation verwirklichen könnten?**
a)	Ich habe einen guten Marktüberblick, informiere mich regelmäßig über neue Trends und Entwicklungen und weiß mich dort zu positionieren.
b)	Ich schaue schon mal rechts und links, um Alternativen für mich zu entdecken, allerdings nicht systematisch und regelmäßig.
c)	Ich interessiere mich sehr dafür, weiß aber nicht so recht, wie ich da vorgehen soll.
d)	Ich habe keine Vorstellung davon, was ich alternativ machen könnte.

7	**Kennen Sie Ihren aktuellen Marktwert?**
a)	Ja, ich informiere mich regelmäßig und teste auch meinen Marktwert, indem ich mich auf andere Positionen bewerbe.
b)	Ich spreche öfters mal mit Kollegen und Freunden, was die verdienen, um mir einen Überblick zu verschaffen.
c)	Wenn z.B. Gehaltsspiegel veröffentlicht sind, lese ich diese ab und zu.
d)	Nein, keine Ahnung.

8	**Wissen Sie, welche Faktoren Einfluss auf Ihre Motivation haben?**
a)	Ich kenne die Einflussfaktoren und setze sie gezielt ein.
b)	Ich weiß, was mich anspornt und was mich eher runterzieht, allerdings kann ich diese Dinge nicht bewusst beeinflussen.
c)	Ich habe manchmal Probleme, mich selbst zu motivieren.
d)	Ich habe mir noch nie Gedanken darüber gemacht.

9	**Haben Sie eine klare Vorstellung davon, wie Sie von Ihrer Umwelt wahrgenommen und eingeschätzt werden?**
a)	Ja, ich fordere gezielt Rückmeldungen ein, wie ich von anderen gesehen werde. Diese decken sich mit meiner Selbsteinschätzung zu einem sehr hohen Prozentsatz.
b)	Wenn ich von Anderen Feedback bekomme, nehme ich das gerne auf und mache mir Gedanken dazu.
c)	Ich weiß die Rückmeldungen, die mir andere geben, nicht so richtig einzuordnen.
d)	Ich habe Angst, von anderen zu erfahren, was sie über mich denken.

10	**Wissen Sie, wodurch Sie sich am meisten entmutigen und einschüchtern lassen?**
a)	Ich kenne diese Faktoren und habe in der Vergangenheit immer gezielt darauf hingearbeitet, sie zu umgehen.
b)	Ich weiß, was mich behindert, sehe aber keine Möglichkeit, Einfluss darauf zu nehmen.
c)	Ich habe bisher nicht erkennen können, wodurch ich mich besonders einschüchtern lasse.
d)	Darüber habe ich mir noch nie Gedanken gemacht.

11	**Sind Sie Veränderungen gegenüber aufgeschlossen?**
a)	Ich sehe Veränderungen als Chance und gestalte sie bewusst mit.
b)	Man sollte den Fortschritt nicht aufhalten, also akzeptiere ich Veränderungen.
c)	Veränderungen verursachen bei mir Unsicherheit, ob ich dem Neuen gewachsen bin.
d)	Ich habe Angst vor Veränderungen und versuche, mich so wenig wie möglich mit Veränderungen zu beschäftigen.

12	**Haben Sie ein Netzwerk an Kontakten?**
a)	Ich gehe gezielt auf Menschen zu, knüpfe Kontakte und pflege diese auch.
b)	Ich kenne eine Reihe von Leuten, habe aber keine Zeit, die Kontakte zu pflegen.
c)	Ich bin für Kontakte offen.
d)	Ich mache mir nicht viel aus Kontakten.

13	**Können Sie andere Menschen für Ihre Ideen begeistern?**
a)	Ja, ich bekomme immer wieder entsprechende Rückmeldungen.
b)	Ich denke schon.
c)	Ich spiele mich nicht so gern in den Vordergrund.
d)	Ich weiß nicht.

14	**Sind Sie mit Ihrer bisherigen beruflichen Entwicklung zufrieden?**
a)	Ja, ich habe in Bezug auf die von mir gesteckten Ziele schon viel erreicht.
b)	Ich denke, ich kann im Vergleich zu anderen ganz zufrieden sein.
c)	So richtig zufrieden bin ich nicht.
d)	Ich bin sehr unzufrieden, weiß jedoch nicht, was ich konkret dagegen machen kann.

15	**Achten Sie auf Ihr äußeres Erscheinungsbild?**
a)	Ja, ich achte darauf, mich typgerecht und gepflegt zu kleiden. Ich weiß, was zu mir passt und meinen Typ positiv unterstreicht.
b)	Ich weiß, Kleider machen Leute, also spare ich nicht bei der Kleidung.
c)	Ich passe mich in der Kleidung an.
d)	Mein Erscheinungsbild ist mir nicht so wichtig, innere Werte zählen für mich.

16	**Haben Sie Menschen Ihres Vertrauens, zu denen Sie gehen können, wenn Sie Probleme haben?**
a)	Ja, ich habe ein stabiles soziales Umfeld, das mich in schwierigen Situationen stützt und begleitet.
b)	Wenn ich Probleme habe, finde ich schon immer jemanden, bei dem ich meine Sorgen loswerden kann.
c)	Manchmal fühle ich mich schon etwas allein gelassen.
d)	Ich lebe sehr zurückgezogen und behalte meine Probleme für mich.

17 Achten Sie auf Ihre Gesundheit und körperliche Fitness?

a) Ich treibe regelmäßig Sport, achte auf gesunde Ernährung und unterziehe mich regelmäßig einem Gesundheitscheck.

b) Ich vermeide Dinge, die meiner Gesundheit schaden.

c) Ich habe keine Zeit, Sport zu treiben oder auf meine Gesundheit zu achten.

d) Ich beschäftige mich bisher nicht damit.

18 Haben Sie eine gute Balance zwischen Arbeits- und Privatleben?

a) Ich habe einen guten Ausgleich zu meinem beruflichen Engagement. Mein Privatleben ist mir wichtig und ich kann in meiner Freizeit neue Kraft tanken.

b) Ich versuche, neben dem Job auch private Belange unter einen Hut zu bekommen.

c) Für Privates bleibt bei mir meistens keine Zeit.

d) Ich habe mir darüber noch nie richtig Gedanken gemacht

19 Nehmen Sie bei Ihrer Karriereplanung professionelle Hilfe in Anspruch?

a) Ich spreche regelmäßig mit Karriereberatern meine weitere Entwicklung durch, besuche Veranstaltungen und lese Bücher, die mich in meiner weiteren Planung unterstützen.

b) Ich nehme Anregungen von Dritten auf, wenn sie mir geboten werden.

c) Ich weiß nicht, wo ich solche Hilfe bekommen kann.

d) Das mache ich alleine.

20 Haben Sie Visionen und Träume?

a) Große Ziele und Visionen sind ein wichtiger Motor für mich, um mein Potenzial voll auszuschöpfen.

b) Ich habe schon ab und zu Träume, ob ich diese allerdings realisieren kann, bin ich mir nicht so sicher.

c) Träume sind schön, aber für mich wohl unerreichbar.

d) Nein, das ist mir alles zu weit weg.

Auswertung

Nehmen Sie die Auswertung dieses Tests wie folgt vor:
Für jede Antwort a) erhalten Sie 5 Punkte.
Für jede Antwort b) erhalten Sie 3 Punkte.
Für jede Antwort c) erhalten Sie 1 Punkt.
Für jede Antwort d) erhalten Sie 0 Punkte.

80–100 Punkte: Herzlichen Glückwunsch, Sie haben eine exzellente Ausgangsbasis, um Ihre weitere berufliche Entwicklung souverän in den Griff zu bekommen. Nutzen Sie dieses Coachingprogramm, um Ihre gesteckten Ziele noch zügiger zu erreichen. Sie werden viele Erfolgserlebnisse dabei haben.

60–79 Punkte: Sie haben schon ein recht gutes Bild von sich, Ihren Fähigkeiten und Neigungen. Dieses Coachingprogramm wird Ihnen helfen, Zusammenhänge noch klarer zu sehen und den Mut zu bekommen, Ihre weitere berufliche Entwicklung souverän in die Hand zu nehmen.

40–59 Punkte: Vermutlich haben Sie dieses Coachingprogramm gekauft, weil Sie spüren, dass Sie noch keine ganz klare Vorstellung davon haben, was eigentlich in Ihnen steckt, was Sie beruflich noch erreichen können und wie Sie Ihre Fähigkeiten erfolgreicher einsetzen. Mit jedem Kapitel arbeiten Sie sich Schritt für Schritt voran und verbessern damit Ihre Chancen, beruflich erfolgreich zu sein.

Unter 40 Punkte: Sie haben mit diesem Coachingprogramm eine exzellente Investition in Ihre Zukunft getätigt. Indem Sie diesen Einstiegstest durchgeführt haben, haben Sie bereits den ersten Schritt für eine Standortbestimmung getan. Nutzen Sie die Ihnen gebotene Chance, mehr über sich selbst zu erfahren. Insbesondere die Möglichkeiten des Selbstmarketings werden Ihrer beruflichen Entwicklung neue Impulse geben. Da Sie sich bisher sehr wenig mit diesen Dingen beschäftigt haben, ist das Veränderungspotenzial für Sie am größten. Viel Erfolg!

2 Die große Qualifikationsanalyse: Wer sind Sie und was können Sie?

2.1 Standortbestimmung: Haben Sie klare Vorstellungen und Ziele über Ihre berufliche Ausrichtung?

Als Ausgangsbasis für alle weiteren Überlegungen und Aktivitäten beginnen wir zunächst mit einer strukturierten Standortbestimmung. Schließlich sollen Sie ja wissen, von wo aus Sie starten und wie die einzelnen Aspekte, die für Ihre weitere berufliche Entwicklung relevant sind, miteinander im Zusammenhang stehen.

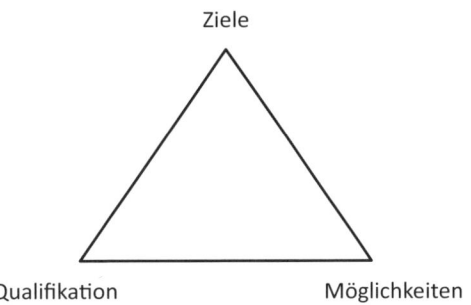

Abbildung 1: Das Dreieck Ihrer drei zentralen Bereiche

Die drei zentralen Bereiche, mit denen wir uns beschäftigen werden, sind:

- Ihre Qualifikation, Motivation und Persönlichkeit,
- Ihre Ziele und Werte und
- Ihre Möglichkeiten.

Alle drei Aspekte hängen miteinander zusammen. Zunächst werden wir den Blick nach innen richten und Ihre Qualifikation, also Ihre Fähigkeiten und Kenntnisse, etwas näher unter die Lupe nehmen. Ein Aspekt wird auch die Beschäftigung mit Ihrer Persönlichkeit und Ihrer Motivation sein. Dann werden wir Ihre Ziele näher beleuchten und die Möglichkeiten erarbeiten und analysieren, die sich für Sie ergeben können.

Doch nun zunächst zu Ihrer Qualifikation. Wenn ich Menschen nach ihrer Qualifikation befrage, fällt es vielen schwer, spontan auf den Punkt zu bringen, was sie können. Die meisten gehen dann auf fachliche Aspekte ein, nennen Abschlüsse und mit Scheinen nachweisbare Kenntnisse. Qualifikation ist jedoch wesentlich mehr und Sie sollten diesen Begriff viel weiter gefasst verstehen.

Definition: Berufliche Qualifikation

Ihre berufliche Qualifikation ist die Gesamtheit dessen, was Sie einem Arbeitgeber zu bieten haben und wofür er bereit ist, Geld zu bezahlen.

Um Ihnen die Bestandsaufnahme leichter zu machen, werden wir diesen weitreichenden Begriff der Qualifikation zunächst einmal in verdaubare Häppchen aufteilen und dann Schritt für Schritt abarbeiten.

2.2 Wie steht es um Ihre fachliche Kompetenz?

Fachliche Kompetenz ist der Bereich Ihrer Qualifikation, den Sie sicherlich am leichtesten beschreiben können.Wer Fachkompetenz besitzt, kennt sich in seinem Fachgebiet aus. Fachkompetenz ist also sehr eng mit Wissen und Kenntnissen verbunden. Einen großen Teil dieser Fachkompetenz haben Sie sich über Schule, Ausbildung, Studium und berufliche Weiterbildung erarbeitet. Aber Sie sind sicherlich auch auf weiteren Gebieten fachlich fit, die Sie (noch) nicht beruflich nutzen. Auch diese Bereiche stellen fachliche Kompetenz dar und sind im Hinblick auf eine mögliche Neuausrichtung Ihrer beruflichen Aktivitäten in die Bestandsaufnahme zu integrieren. Einen wichtigen Teil Ihrer Fachkompetenz haben Sie sich sicherlich über praktische Erfahrung angeeignet, die Sie in verschiedenen beruflichen Feldern sammeln konnten.

Fangen wir zunächst mit den Bereichen der Fachkompetenz an, die direkt mit Ihrer bisherigen beruflichen Entwicklung zu tun haben.

▶ BEISPIEL: Andreas Jägers fachliche Kompetenzen

Andreas Jäger hat sich einmal hingesetzt und das, was er an fachlichen Kompetenzen in Bezug auf seine bisherigen Tätigkeiten zu bieten hat, zusammengetragen:

Fachgebiet	erworben bei	Beleg	Zeitraum
BWL	Studium	Diplom	2008–2013
Kfz-Ersatzteilverkauf	Berufstätigkeit	Arbeitszeugnis	2013–2015
Absatzmarkt China	Berufstätigkeit (Diplomarbeit)	Arbeitszeugnis (Diplomarbeit)	2013–2015 2013
Mandarin	Sprachkurs	Zertifikat	2015
Vertragsrecht	Berufstätigkeit	Arbeitsproben	2013–2015
Exportbestimmungen	Berufstätigkeit	Prüfung	2014
Sales Support	Praktikum	Praktikumszeugnis	2012
Kundendienst	Mithilfe im elterlichen Betrieb	Konzeptpapier	2009–2011

Übung 1: Gewinnen Sie Klarheit über Ihre fachlichen Kompetenzen

Jetzt sind Sie dran. Schreiben Sie Ihre fachlichen Kompetenzen, die Sie bezogen auf ihre bisherigen beruflichen Tätigkeiten vorzuweisen haben, entsprechend der oben dargestellten Systematik auf. (Ein Dokument mit der Tabelle steht für Sie im Arbeitshilfen-online-Bereich bereit.)

Tipp 1: So gewinnen Sie Klarheit über Ihre fachlichen Kompetenzen

Wie lang ist Ihre Liste geworden? Haben Sie auch Kompetenzen berücksichtigt, die Sie sich während der Schule, über private Kontakte oder berufsbegleitend erworben haben?

Fachwissen hat den großen Vorteil, dass es im Verhältnis zu anderen Kompetenzen sehr einfach zu belegen ist. Zeugnisse, Zertifikate, Arbeitszeugnisse oder Arbeitsproben können Sie hier anführen.

Fachwissen hat aber andererseits den großen Nachteil, dass es sehr schnell veraltet und damit nur noch bedingt wertvoll ist, wenn es der Entwicklung nicht folgen konnte. Und das gilt nicht nur für die IT-Branche selbst, sondern alle Bereiche unserer Wirtschaft. Cloud-basierte Systeme ermöglichen den Datenzugriff unabhängig von festen Orten. Und mit der Industrie 4.0 hält eine Entwicklung Einzug, die über Unternehmen hinweg Prozesse vernetzt. So verändern sich die Anforderungsprofile z.B. für Produktionsplaner oder Disponenten in der Industrie erheblich. Wer hier in starren, von der Außenwelt abgeschnittenen Arbeitsschritten denkt, dessen Wagen ist wohl irgendwann von der Lokomotive abgekoppelt worden. Es wird größere Probleme mit sich bringen, wenn man sich auf den Standpunkt stellt: „Ich habe ja mein Diplom, das reicht, um meine fachliche Kompetenz zu belegen, darauf kann ich in meinem weiteren Berufsleben jederzeit zurückgreifen". Denken Sie deshalb über die einzelnen Kenntnisse, die Sie aufgeführt haben, nochmals nach:

- Wie sicher fühlen Sie sich auf den jeweiligen Gebieten?
- Wie lange liegt der Erwerb der Kenntnisse schon zurück?
- Haben Sie die damals erworbenen Kenntnisse kontinuierlich aufgefrischt?
- Sind Sie mit Ihren Kenntnissen auf dem aktuellen Stand der Technik?
- Können Sie auch eine kontinuierliche praktische Umsetzung der erworbenen Kenntnisse nachweisen?
- Sind Ihnen einschlägige neuere Fachbegriffe aus Ihrem Fachgebiet präsent?
- Kennen Sie die namhaftesten Experten, die auf diesem Fachgebiet publizieren und die aktuellen gesetzlichen Regelungen und Vorschriften?

Wie würden Sie Ihre Kenntnisse auf der Skala von 1 bis 6 (1 entspricht absolutem Expertenwissen, 6 entspricht reinem Anwenderwissen bzw. geringen Kenntnissen) einstufen?

2.2.1 Das Fachwissen in Worte fassen

Wer Experte ist, sollte zu seinem Fachthema etwas sagen können. Hatten Sie in der Vergangenheit schon öfters die Gelegenheit, zu einem Ihrer Fachgebiete zu referieren? Häufig ergibt sich auch die Notwendigkeit, etwas aus dem Stegreif zu erzählen, beispielsweise bei informellen Treffen auf Tagungen oder Seminaren auf die Frage beim Kaffee: Womit beschäftigen Sie sich denn?

Stellen Sie sich vor, ein Praktikant soll die nächsten drei Monate in Ihrem Bereich mitarbeiten. Er besitzt theoretische Kenntnisse aus dem Studium, ist aber mit den speziellen Fragestellungen, die Sie in Ihrem Arbeitsgebiet beschäftigen, nicht vertraut. Sie sollen ihm einen ersten Überblick über Ihr Arbeitsgebiet geben.

Übung 2: Kommunizieren Sie Ihr Fachwissen

Halten Sie für den Praktikanten einen Vortrag von zehn Minuten über Ihr Arbeitsgebiet und benutzen Sie zur Präsentation Medien wie Papier, Charts und Anschauungsobjekte, sprich alles, was aus Ihrer Sicht zur Veranschaulichung beiträgt.

Tipp 2: So kommunizieren Sie Ihr Fachwissen

Und, wie hat die Übung geklappt? Für Sie als Experte besteht die erste große Herausforderung darin, sich in den Praktikanten hineinzuversetzen. Er kennt viele Fachbegriffe, Abkürzungen und Zusammenhänge nicht, die für Sie ganz selbstverständlich sind. Deshalb fällt es häufig so schwer, einem Laien die Grundlagen anschaulich zu vermitteln.

Bemühen Sie sich daher ganz besonders, eine verständliche, einfache Sprache zu benutzen. Gerade im Rahmen von Bewerbungsprozessen stelle ich immer wieder fest, dass Bewerber ihre Zuhörer aus der Personalabteilung fachlich völlig überfordern. Lernen Sie, fachliche Zusammenhänge so einfach wie möglich darzustellen, auch wenn Sie befürchten, dass nicht alle spezifischen Einzelheiten sachlich richtig „rüberkommen". Besser, Ihr Zuhörer versteht den groben Zusammenhang und die wesentlichen Aspekte, als dass Sie sich in feinen Details verlieren und das große Bild vollkommen fehlt. Nachfolgend einige Tipps hierzu:

- Verwenden Sie kurze Sätze.
- Vermeiden Sie viele Fremdwörter.
- Stellen Sie zunächst den Rahmen dar, innerhalb dessen Sie sich bewegen und wo Ihr Fachthema einzuordnen ist.
- Heben Sie zentrale Punkte hervor.
- Wiederholen Sie wichtige Aspekte.
- Fassen Sie am Ende nochmals zusammen.
- Setzen Sie zur Veranschaulichung Medien ein (ein Bild sagt mehr als tausend Worte; noch besser sind Demonstrationsobjekte).
- Bereiten Sie ein kurzes Handout vor, das die wesentlichen Inhalte dessen, was Sie vermitteln möchten, zusammenfasst.
- Bieten Sie die Möglichkeit, Fragen zu stellen.

2.2.2 Welche Erfolge haben Sie vorzuweisen?

Ihre Fachkompetenz können Sie am besten dadurch unter Beweis stellen, dass Sie entsprechende Erfolge aufzeigen. Dazu gehört sicherlich, eine abgeschlossene Ausbildung vorweisen zu können. Noch wichtiger als der Nachweis rein theoretischer Kenntnisse ist jedoch die Fähigkeit, das erworbene Wissen auch in der Praxis umzusetzen, sprich eine Aufgabenstellung erfolgreich zu bearbeiten und das Ziel zu erreichen. Dies ist natürlich einfacher, wenn Sie über eine längere Berufserfahrung verfügen und sich im Laufe der Zeit viele Gelegenheiten zum Erfolg geboten haben. Doch auch wenn Sie noch am Anfang Ihrer beruflichen Laufbahn stehen, gibt es meist genügend Ansatzpunkte.

▶ BEISPIEL: Jeder Erfolg zählt

Sonja Rehbein hat Jura studiert und ihr Erstes und Zweites Staatsexamen mit Erfolg abgelegt. Während des Referendariats hat sie verschiedene Stationen durchlaufen und unterschiedliche Aufgaben selbstständig bearbeitet. Jetzt möchte sie sich um eine Einstiegsstelle bewerben und überlegt, wie sie ihre im Studium erworbene Fachkompetenz durch erste Erfolge belegen kann:

Sie war beispielsweise bei einem Fachanwalt für Arbeitsrecht und hat dort nach entsprechender Einarbeitung eigenständig Gespräche mit Mandanten geführt und Klageschriften erstellt.

Privat ist sie in ihrem Heimatort in der evangelischen Kirche engagiert. Die Kirchengemeinde betreut in einer kleinen Projektgruppe auch Menschen, die politisches Asyl beantragen. Sonja Rehbein hat ehrenamtlich eine Familie dabei unterstützt, den Asylantrag zu stellen und diesen gegenüber dem Verwaltungsgericht auch erfolgreich durchzusetzen!

Übung 3: Belegen Sie Ihre Fachkompetenz

Versuchen Sie nun selbst, Beispiele zusammenzustellen, die Ihre Fachkompetenz belegen können.

Tipp 3: So belegen Sie Ihre Fachkompetenz

Haben Sie eine Liste von Beispielen zusammenbekommen, mit denen Sie Ihre Erfolge darstellen können? Haben Sie dabei auch an private oder ehrenamtliche Aktivitäten gedacht? Das Beispiel von Sonja Rehbein zeigt, dass es sehr wohl möglich ist, fachliche Kompetenz auch außerhalb der Berufsausübung zu erwerben.

Wenn Sie Erfolge nachvollziehbar beschreiben möchten, kann Ihnen die nachfolgende Methode dabei helfen:

S = Situation	Beschreiben Sie zunächst die Ausgangssituation bzw. die Problemstellung	
V = Verhalten	Erläutern Sie dann, was Sie gemacht haben, sprich Ihr Verhalten in der konkreten Situation	
E = Ergebnis	Schildern Sie schließlich, zu welchem Ergebnis Ihr Verhalten geführt hat	

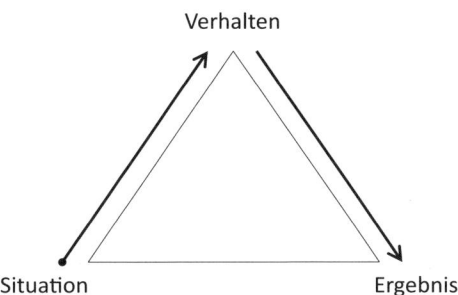

Abbildung 2: Geschlossenes Dreieck aus Situation, Verhalten und Ergebnis

Wenn es Ihnen gelingt, Beispiele zu finden, die Sie nach diesem Muster aufbauen können und deren Ergebnis positiv ist, so spricht man von einem „geschlossenen Dreieck", d.h., das Beispiel kann als Beleg für einen Erfolg herangezogen werden.

Übrigens: Diese Technik setzen viele Personaler auch bei Einstellinterviews ein, wenn sie von Ihnen mehr über bisherige Erfahrungen und Leistungen wissen möchten. Diese so genannte „Interview-Technik" wird dann immer mit den Worten: „Schildern Sie mir doch bitte eine Situation, in der Sie … bewiesen haben" eingeleitet. Anstelle der Punkte lassen sich alle möglichen Kompetenzen einsetzen, die für den Interviewer von Interesse sind.

Ihr Ziel sollte es also sein, eine Liste mit Beispielen zusammenzustellen, die Ihre bisher erzielten beruflichen Erfolge belegen.

▶ **BEISPIEL: Fachkompetenzen verändern sich**

Jürgen Wolters ist Techniker in einer mittelständischen Firma. Nach seinem Abschluss als Industrieelektroniker hat er zunächst zwei Jahre in einem größeren Betrieb gearbeitet und dann die Technikerschule besucht. Vor vier Jahren wechselte er zu seinem jetzigen Arbeitgeber. Jürgen Wolters hat sich gut in sein Arbeitsgebiet eingearbeitet und ist im Betrieb als kompetenter Fachmann anerkannt. Er hat jedoch manchmal das Gefühl, irgendwie nicht so recht weiterzukommen, als ob er sich auf der Stelle bewege und nichts Neues dazulerne. Nach einem Gespräch mit einem früheren Kollegen aus der Technikerschule, der von seiner beruflichen Entwicklung und den zahlreichen Weiterqualifizierungen erzählt, werden Wolters Bedenken noch größer. Am Abend setzt er sich hin und macht eine Bestandsaufnahme seiner fachlichen Kenntnisse und Fähigkeiten der letzten vier Jahre. Dabei überlegt er sich:
- Welche Kenntnisse und Fähigkeiten habe ich mir neu erworben?
- Welche Kenntnisse und Fähigkeiten liegen brach, nutze ich also nicht?

- Welche Erfahrungen konnte ich sammeln?
- Welche fachlichen Defizite sehe ich bei mir im Hinblick auf neue Entwicklungen in meinem Fachgebiet?
- Wie beurteile ich meine Fachkompetenz im Vergleich zu vor vier Jahren?

Übung 4: Schildern Sie, wie sich Ihre Fachkompetenz entwickelt hat

Versuchen Sie nun, in Anlehnung an die fünf Fragestellungen von Jürgen Wolters die Entwicklung Ihrer eigenen Fachkompetenz aufzuschreiben und zu bewerten. Einen guten Überblick erhalten Sie, wenn Sie Ihre Ergebnisse in eine Tabelle wie die folgende eintragen. (Ein entsprechendes Arbeitsblatt können Sie im Arbeitshilfen-online-Bereich abrufen.)

Neu erworbene Kenntnisse	Nicht genutzte Kenntnisse	Gesammelte Erfahrungen	Defizite	Vergleich zu vor vier Jahren

Tipp 4: So schildern Sie, wie sich Ihre Fachkompetenz entwickelt hat

„Lernen ist wie Schwimmen gegen den Strom: Wer damit aufhört, treibt zurück." Diese alte japanische Weisheit gilt in unserer heutigen schnelllebigen Zeit mehr denn je. Und, zu welcher Bilanz sind sie gekommen? Haben Sie sich in den letzten Jahren weiterentwickeln und Ihre Fähigkeiten ausbauen können? Oder mussten Sie eher einen Abwärtstrend erkennen? Gerade in der IT-Branche oder in technischen Disziplinen wird die „Halbwertszeit des Wissens" immer kürzer, das heißt, Ihr Wissen veraltet immer schneller.

Natürlich ist es bequemer, sich auf die einmal erworbenen Kenntnisse und Fähigkeiten zu verlassen und darauf zu bauen, dass sie schon ausreichen werden. Diese Strategie wird jedoch in Zukunft niemand überlebensfähig machen. Selbst wenn die Kenntnisse bei Ihrem derzeitigen Arbeitgeber auf dem jetzigen Arbeitsplatz ausreichen mögen, sollten Sie sich bewusst sein, dass Arbeitsplätze heute nicht mehr für ein Berufsleben sicher sind.

Wie oft haben Ihr Vater oder Ihre Mutter den Arbeitgeber gewechselt? Nie? Einmal? Zweimal? Gehen Sie davon aus, dass Sie in Ihrem Berufsleben noch einige Stellenwechsel vor sich haben. Ein durchschnittlicher Amerikaner wechselt in seinem Berufsleben elfmal den Arbeitgeber. Aufgrund der Globalisierung und der verschärften Wettbewerbssituation werden wir auch in Deutschland zu einer stärkeren Flexibilisierung der Arbeitswelt kommen. Das bedeutet für den Einzelnen, sich auch beruflich zu verändern. Ihre Chancen auf dem Arbeitsmarkt sind umso besser, je mehr Ihre fachlichen Fähigkeiten und Erfahrungen den aktuellen Anforderungen entsprechen. Arbeitgeber stellen am liebsten Mitarbeiter ein, die die Kenntnisse schon mitbringen, die sie in dem neuen Job brauchen.

2.2.3 Welche Entwicklungen im Fachbereich sind zu erwarten?

In der letzten Übung haben wir uns bereits mit dem Thema Lernen beschäftigt. Lassen Sie uns noch einen Schritt weiter gehen und verstärkt in die Zukunft blicken. Es geht darum, sich Gedanken zu machen, wohin die Reise in Ihrem Fachbereich in den nächsten Jahren gehen wird. Beantworten Sie zunächst folgende Fragen:

- Lesen Sie regelmäßig Fachzeitschriften?
- Tauschen Sie sich mit anderen Fachleuten in Arbeitskreisen, auf Tagungen, Kongressen und in Fachforen über neue Entwicklungen aus?
- Kennen Sie „Best Practices", also Beispiele aus der Praxis, die in Ihrem Fachgebiet Spitzenleistungen oder innovative Konzepte darstellen?
- Haben Sie einen Überblick, welche Technologien und Verfahren in Ihrem Fachgebiet neu eingesetzt werden oder an Bedeutung gewinnen?

Übung 5: Erkennen Sie zukünftige Entwicklungen in Ihrem Fachgebiet

Bitte notieren Sie die wichtigsten Entwicklungen, die sich Ihrer Meinung nach in der Zukunft in Ihrem Fachgebiet etablieren und direkten Einfluss auf Ihre Arbeit haben werden.

Tipp 5: So erkennen Sie zukünftige Entwicklungen in Ihrem Fachgebiet

Neue Trends und Entwicklungen rechtzeitig zu erkennen, stellt eine wichtige Fähigkeit in unserer von schnellen Veränderungen geprägten Arbeitswelt dar. „Nicht die Großen fressen die Kleinen, sondern die Schnellen fressen die Langsamen" — dieser Spruch macht dies gut deutlich. Um „vorne" mitspielen zu können, ist es notwendig, sich mit Veränderungen zu beschäftigen.

Neue Technologien, wissenschaftliche Erkenntnisse, Untersuchungen und Befragungen sowie verändertes Verbraucherverhalten bestimmen maßgeblich die zukünftigen Anforderungen. Wenn Sie in Ihrem Fachbereich, in Ihrer Branche „marktfähig" sein wollen, gilt es, diese Entwicklungen aufzugreifen. Passen Sie Ihre Kenntnisse und Fähigkeiten kontinuierlich an und treffen Sie Entscheidungen unter Berücksichtigung neuester Erkenntnisse. „Das haben wir schon immer so gemacht" als alleinige Begründung für das Handeln reicht nicht aus. Eine gesunde Mischung aus Erfahrung und Innovation ist gefragt.

Sind Sie mit Ihren Antworten zu den vier oben gestellten Fragen zufrieden? Wenn nein, sollten Sie diese Übung als Anregung nutzen, sich mehr für Innovationen und Veränderungen zu öffnen und sich mit den neuesten Entwicklungen intensiver zu beschäftigen.

2.2.4 Welche Fachkompetenzen haben Sie sonst noch zu bieten?

Wir haben uns bisher schwerpunktmäßig mit Kompetenzen beschäftigt, die in Ihrem bisherigen beruflichen Umfeld eingebettet sind. Im Hinblick auf Ihre Möglichkeiten, sich beruflich neu auszurichten, ist es sinnvoll, auch über fachliche Kenntnisse und Fähigkeiten zu sprechen, die Sie zwar besitzen, aber beruflich bisher nicht nutzen.

Schauen Sie sich zunächst beispielhaft die Aufstellung von Torsten Peile an, in der er seine Fachkompetenzen auf den unterschiedlichen Interessengebieten zusammengestellt hat:

Fachkompetenzen

Fachgebiet	Kenntnisse	Niveau
Luftfahrt	Flugzeuge erkennen	Alle zivilen Flugzeugmuster können identifiziert werden.
Internet-programmierung	HTML	Homepages können selbstständig erstellt werden, mittleres Niveau.
Volleyball	Spielregeln kennen, praktische Erfahrung als Aktiver in der Mannschaft	Bezirksliga
Naturheilkunde	Pflanzliche Substanzen und ihre Wirkung kennen	Interessierter Laie mit mehreren Kursen in der VHS

Übung 6: Machen Sie sich Ihre nichtberuflichen Fachkompetenzen klar

Machen Sie eine schriftliche Bestandsaufnahme Ihrer Fachkompetenzen. Die Tabelle mit den Beispielen (siehe oben) hilft Ihnen dabei. Ein entsprechendes Formblatt können Sie im Arbeitshilfen-online-Bereich abrufen.

Fachgebiet	Kenntnisse	Niveau

Tipp 6: So machen Sie sich Ihre nichtberuflichen Fachkompetenzen klar

Na, wie viele Fachgebiete haben Sie aufgeschrieben? Zehn? Fünfzehn? Ich bin mir ganz sicher, dass Sie auf mehreren Gebieten Kenntnisse haben, mit denen Sie sich von anderen Menschen positiv abheben können. Denken Sie an Hobbys, Kurse, an Dinge, die Sie durch Ihre Eltern, Geschwister, Freunde oder Lebenspartner gelernt haben. Aber auch spezifische Landeskenntnisse, die man sich auf Reisen angeeignet hat, zählen hierzu.

Diese Sammlung werden Sie sicherlich nicht im ersten Anlauf vollständig erstellen. Ergänzen Sie die Liste, sobald Ihnen weitere Gebiete einfallen oder Sie sich in neuen Feldern Kenntnisse angeeignet haben. Sie soll leben und kontinuierlich wachsen.

Übung 7: Wie steht es um Ihre Allgemeinbildung?

Wenn wir über Wissen und Fachkompetenz sprechen, sollten wir einen Aspekt nicht außer Acht lassen: die Allgemeinbildung. Neben speziellen fachlichen Schwerpunkten hilft eine breit angelegte, fundierte Allgemeinbildung, um aktiv am gesellschaftlichen Leben teilhaben zu können. Ob beruflich oder privat. Es ist wichtig, mitreden zu können und nicht zum Schweigen verurteilt zu sein, nur weil man von den Themen der anderen nichts weiß. Damit Sie testen können, wie es um Ihre Allgemeinbildung bestellt ist, haben wir Ihnen beispielhaft Fragen aus drei Themenfeldern zusammengestellt.

Die große Qualifikationsanalyse: Wer sind Sie und was können Sie?

Themenbereich: Staat/Geschichte/Politik
Frage: Was versteht man unter Föderalismus?

Antwortmöglichkeiten

1. Subventionspolitik ☐
2. Eigenständigkeit der Einzelstaaten innerhalb eines Bundesstaats ☐
3. Chancengleichheit nach dem Grundgesetz ☐
4. Demokratisches Grundprinzip ☐

Themenbereich: Geografie
Frage: Welche der folgenden Städte liegt nicht in Nordrhein-Westfalen?

Antwortmöglichkeiten

1. Krefeld ☐
2. Köln ☐
3. Kassel ☐
4. Aachen ☐

Themenbereich: Technik/Wissenschaft
Frage: Was ist eine Vanity-Nummer?

Antwortmöglichkeiten

1. Geheime Telefonnummer, die nicht über die Auskunft erfragt werden kann ☐
2. Codenummern für das Internetbanking ☐
3. Prüfzahl in einer Programmiersprache ☐
4. Telefonnummer, die aufgrund der zugeordneten Buchstaben auf der Tastatur ☐
   ein Wort ergibt

Die Lösungen zu den drei Fragen:
Staat/Geschichte/Politik: 2. | Geografie: 3. | Technik/Wissenschaft: 4.

Je mehr Verantwortung Sie anstreben, desto größeres Gewicht gewinnt die Allgemeinbildung, da sie hilft, Zusammenhänge zu verstehen und komplexe Themen im richtigen Kontext zu sehen. Wer also nicht zum „Fachidioten" abgestempelt werden möchte, sollte auch für seine Allgemeinbildung etwas tun. Hierfür gibt es zahlreiche Möglichkeiten: die Quizshows im Fernsehen, Bücher oder Gesellschaftsspiele und natürlich die Lektüre von Tageszeitungen. Es kann durchaus Spaß machen, sein Allgemeinwissen auszubauen und damit auch mehr Sicherheit im „Smalltalk" zu bekommen.

! **Zusammenfassung: Das sollten Sie in diesem Kapitel erreicht haben**

Wenn Sie alle bisherigen Aufgaben bearbeitet haben, sollten Sie nun eine klare Vorstellung davon haben, welche fachlichen Kenntnisse Sie besitzen, wo mögliche Defizite sind und welche Maßnahmen sinnvoll wären, um Ihre Fachkompetenz weiter auszubauen oder auf den neuesten Stand zu bringen. Sie sollten aus dem Stegreif einen kurzen Vortrag über Ihre Fachgebiete halten können und die wichtigsten Entwicklungen und Trends auf diesen Gebieten kennen. Sie haben konkrete Beispiele parat, mit denen Sie Ihre bisherigen fachlichen Erfolge gegenüber Dritten belegen können. Schließlich ist Ihnen bewusst, welche vorhandenen Fachkenntnisse Sie sich künftig möglicherweise auch beruflich zunutze machen können.

2.3 Welche sozialen Kompetenzen besitzen Sie?

Die fachliche Kompetenz, mit der wir uns bisher beschäftigt haben, ist sehr konkret fassbar und in der Regel auch einfach zu belegen. Wenn wir nun Ihre soziale Kompetenz näher unter die Lupe nehmen, wird das schon etwas komplexer. Sie denken vielleicht, soziale Kompetenz, das ist wieder so ein Schlagwort, unter dem sich nichts konkret Messbares verbirgt. Mit den nachfolgenden Tests und Übungen werden Sie jedoch Schritt für Schritt ein besseres Bild von sich in diesem Kompetenzbereich bekommen. Zunächst sollten wir einmal definieren, was wir unter sozialer Kompetenz verstehen:

Definition: Soziale Kompetenz

Soziale Kompetenz ist die Fähigkeit, situationsgerecht mit unterschiedlichen Menschen umgehen zu können.

Es geht also bei der sozialen Kompetenz um Verhaltensweisen und den Umgang mit unterschiedlichen Situationen und Menschen. Somit fallen Eigenschaften in diesen Bereich, wie Teamfähigkeit, Durchsetzungsvermögen, Kompromissbereitschaft, Kritikfähigkeit, Einfühlungsvermögen, die Fähigkeit integrierend zu wirken oder Menschen für ein Thema begeistern und gewinnen zu können.

Entscheidend ist, das richtige Gespür zu besitzen, um einschätzen zu können, welche Verhaltensweise gerade passend, sprich Erfolg versprechend im Hinblick auf die von Ihnen verfolgten Ziele ist.

2.3.1 Verhalten Sie sich situationsgerecht?

Um sich situationsgerecht verhalten zu können, bedarf es der Beherrschung eines möglichst breiten Spektrums an Verhaltensweisen. Wenn beispielsweise Gefahr für Leib und Leben droht, nützt es nichts, kooperativ die Bedürfnisse und Befindlichkeiten eines jeden zu berücksichtigen. Hier muss schnell entschieden werden, ohne Wenn und Aber. Sie kennen aber auch sicherlich genügend Situationen, in denen es von entscheidender Bedeutung ist, die Belange aller Beteiligten zu berücksichtigen, um deren Unterstützung bei der Erreichung des eigenen Ziels zu erhalten. Je besser Sie die gesamte Klaviatur beherrschen, desto sicherer können Sie das jeweils passende Verhalten auswählen und einsetzen. Lassen Sie uns mit ein paar Situationen in das Thema einsteigen.

Übung 8: Verhalten Sie sich in unterschiedlichen Situationen angemessen?

Kreuzen Sie bitte an, welche Verhaltensweise Sie in den nachfolgend geschilderten Situationen für die richtige halten.

Situation 1: Sie sitzen im Kino und vor Ihnen hat eine Dame einen Hut auf, der Ihre Sicht stark behindert.

a) Sie setzen sich auf einen anderen freien Platz ganz am Rand der Stuhlreihe, von dem aus Sie zwar einen schlechteren Blickwinkel haben, jedoch die Dame mit dem Hut Sie nicht mehr behindert.
b) Sie schieben der Dame den Hut vom Kopf und sagen, dass Sie sonst nichts sehen.
c) Sie machen gar nichts und nehmen die Behinderung in Kauf.
d) Sie sprechen die Dame an und bitten sie, den Hut abzunehmen, da Sie sonst nichts sehen.

Situation 2: Sie stehen mit Ihrem Partner/Ihrer Partnerin vor dem verschlossenen Fahrzeug und können den Schlüssel nicht finden. Nach längerem Suchen stellen Sie fest, dass Sie den Autoschlüssel wohl verloren haben. Ihr Partner/Ihre Partnerin macht Ihnen große Vorwürfe: „Du mit deiner ewigen Unachtsamkeit, wie sollen wir jetzt nach Hause kommen?"

a) „Ach, es tut mir so leid, immer mache ich Fehler!"
b) „Da kann ich doch auch nichts dafür, dass der Schlüssel jetzt weg ist!"
c) „Ja, das ist ärgerlich, aber streiten nützt uns jetzt auch nichts. Lass uns gemeinsam überlegen, wie wir eine Lösung finden."
d) „Schuld bist doch eigentlich du, mit deiner blöden Trödelei bin ich ganz nervös geworden."

Situation 3: Sie werden wegen erhöhter Geschwindigkeit von der Polizei gestoppt. Der Polizist sagt: „Sie sind 20 Stundenkilometer zu schnell gefahren."

a) „Es ist doch nichts passiert, wozu die Aufregung?"
b) „Dauernd passieren Überfälle und Morde und Sie haben nichts Besseres zu tun, als hier die Geschwindigkeit zu kontrollieren!"
c) „Das kann gar nicht sein, mein Tacho hat genau 50 Stundenkilometer angezeigt. Ihr Radargerät misst falsch!"
d) „Tut mir Leid, es war nicht meine Absicht, die Geschwindigkeitsbegrenzung zu überschreiten."

Situation 4: Sie haben für 99,- Euro einen Receiver für Satellitenprogramme gekauft. Nach der Montage stellen Sie fest, dass der Receiver nicht funktioniert, und bringen das Gerät zurück. Der Verkäufer stellt in der Tat fest, dass das Gerät defekt ist, und schlägt vor, dass Sie den Receiver gegen ein Ersatzgerät der gleichen Marke tauschen. Als Sie zu Hause ankommen und den neuen Receiver montieren wollen, funktioniert auch dieser nicht.

a) Es ist Ihnen peinlich wieder in den Laden zu gehen, um das Gerät erneut zu tauschen. Sie gehen in einen anderen Laden, kaufen ein anderes Gerät und schenken das nicht funktionierende Gerät einem Freund, von dem Sie wissen, dass er gerne bastelt.
b) Sie gehen nochmals in den Laden und lassen den Receiver gegen ein anderes Gerät der gleichen Marke tauschen.
c) Sie gehen wieder in den Laden, bestehen aber darauf, Ihr Geld zurückzubekommen und kaufen woanders ein anderes Gerät.
d) Sie gehen wieder in den Laden und tauschen das Gerät gegen ein Modell eines anderen Herstellers, nachdem der Verkäufer sich zunächst weigert, das Gerät zurückzunehmen und Ihnen den Betrag auszuzahlen.

Situation 5: Sie telefonieren während der Arbeitszeit mit einem Freund und unterhalten sich über die Sportergebnisse vom Wochenende. Plötzlich sehen Sie Ihren Chef auf sich zukommen.

a) Sie beenden das Telefonat so schnell wie möglich, beginnen wieder mit der Arbeit und fragen, ob Sie etwas für Ihren Chef tun können.
b) Sie tun so, als ob sie Ihren Chef gar nicht bemerkt hätten, und telefonieren weiter.
c) Sie versuchen, den Chef in das Gespräch einzubeziehen, indem Sie zu ihm sagen: „Herr Weber gibt mir gerade die Umsätze des letzten Monats durch. Das wird Sie sicher interessieren."
d) Sie entschuldigen sich bei Ihrem Chef: „Zu Hause komme ich kaum zum Telefonieren, da blockieren immer die Kinder die Leitung."

Tipp 8: So verhalten Sie sich in unterschiedlichen Situationen angemessen

Situation 1: Es ist schon etwas rücksichtslos oder zumindest gedankenlos, im Kino einen solchen Hut zu tragen. Es ist deshalb durchaus berechtigt, die Dame darauf anzusprechen und sie zu bitten, den Hut abzunehmen. Ihr den Hut vom Kopf zu schieben ist sicherlich nicht verhältnismäßig und provoziert eine Eskalation des Konflikts. Lösungsvorschlag d) wäre hier angemessen.

Situation 2: Sie haben ein gemeinsames Problem. Indem Sie auf den Vorwurf mit einem Gegenvorwurf reagieren, schaukelt sich der Konflikt nur noch hoch. Auch große Selbstvorwürfe oder das Zurückweisen der Schuld bringen in dieser Situation nichts. Deshalb ist es am besten, sachlich nach einer Lösung zu suchen. Mit Lösungsvorschlag c) liegen Sie hier richtig.

Situation 3: Den Polizisten verbal anzugreifen oder so tun, als ob nichts gewesen wäre, ist in der Situation nicht angebracht. Sie haben einen Fehler gemacht und sollten dazu stehen. Lösungsvorschlag d) ist also die Reaktion der Wahl.

Situation 4: Sie sind zu Recht verärgert. Nachdem Sie bereits das zweite Mal Probleme mit dem Gerät hatten, sollten Sie darauf bestehen, das Geld zurück zu bekommen. Entscheiden Sie sich für Lösungsvorschlag c).

Situation 5: Eine unangenehme Situation. Da Sie nicht wissen, wie lange der Chef Ihr privates Gespräch schon mitbekommen hat, wäre es unklug, so zu tun, als ob Sie geschäftlich telefonieren. Weiterzutelefonieren, als ob nichts wäre, provoziert Ihren Chef. Am besten ist es, so schnell wie möglich das Telefonat zu beenden, also Lösungsvorschlag a).

2.3.2 Können Sie die sozialen Beziehungen in Ihrem Umfeld einschätzen?

Wir gehören zu einer Vielzahl sozialer Gruppen: der Familie, dem Freundeskreis, dem Sportverein, der Hausgemeinschaft. Natürlich stellt auch das berufliche Umfeld, in dem wir uns bewegen, eine soziale Gruppe dar. In jeder Gruppe nehmen wir eine bestimmte Rolle ein, die unser Verhalten stark beeinflusst.

Unser „sozialer Status" ist aber auch mit Verhaltenserwartungen verbunden, die andere Menschen uns gegenüber haben. Um sich in diesem Umfeld souverän bewegen zu können, sollten Sie die sozialen Beziehungen innerhalb der Gruppen kennen.

▶ **BEISPIEL Die sozialen Beziehungen des Jürgen Wolters**

Jürgen Wolters ist 36 Jahre alt, verheiratet und hat zwei Töchter im Alter von 14 und 12 Jahren. Er wohnt mit seiner Familie in einer Doppelhaushälfte. Seit dem Tod seines Vaters lebt seine verwitwete Mutter bei ihnen in der kleinen Einliegerwohnung. Beruflich ist Jürgen Wolters als Versicherungskaufmann in der Vertragsabteilung einer großen Lebensversicherungsgesellschaft tätig. Er hat drei Kollegen in seinem direkten Arbeitsumfeld, die ebenfalls Sachbearbeiter sind. Die Gruppe besteht ferner aus einer Teamassistentin, die sowohl für Jürgen Wolters' Vorgesetzten als auch für ihn und seine Kollegen tätig ist. Jürgen Wolters überlegt sich, wie die sozialen Beziehungen innerhalb seiner Familie und in seinem beruflichen Umfeld aussehen:

Mit seiner Frau hat er im Allgemeinen eine sehr harmonische Beziehung. Es gibt nur immer wieder Diskussionen bezüglich seiner Mutter, die sich zu stark in die Haushaltsführung seiner Frau einmischen möchte. Das Verhältnis zwischen seiner Frau und seiner Mutter ist insgesamt sehr angespannt und durch Rivalität geprägt. Jürgen Wolters muss hier häufig schlichten. Die ältere Tochter steckt gerade in der Pubertät und ist Jürgen Wolters gegenüber sehr ablehnend. Lediglich seine Frau und die jüngere Schwester haben einen guten Draht zu ihr. Zwischen der Oma und der älteren Tochter gibt es immer wieder unschöne Szenen, da die beiden mit ihren Vorstellungen in völlig unterschiedlichen Welten leben. Die jüngere Tochter kommt mit der Oma dagegen blendend aus und hat auch ein sehr enges Verhältnis zu ihrem Vater. Jürgen Wolters versucht nun, die bestehenden Beziehungen grafisch in einem so genannten Soziogramm darzustellen.

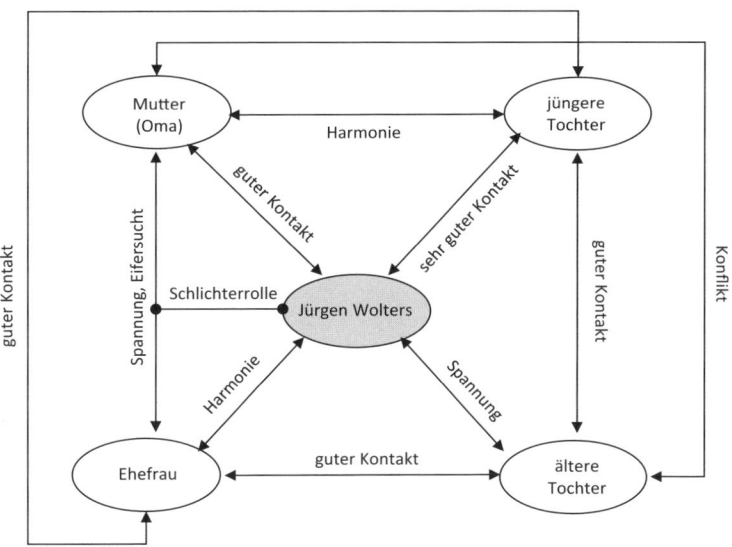

Abbildung 3: Die familiären Beziehungen von Jürgen Wolters als Soziogramm

Schauen wir uns nun das berufliche Umfeld von Jürgen Wolters an: Mit dem Kollegen Thomas Schmitt verbindet Jürgen Wolters eine mehrjährige vertrauensvolle Zusammenarbeit. Kollege Sven Huber ist eine ehrgeizige junge Führungsnachwuchskraft, die die jetzige Tätigkeit nur als Sprungbrett für eine höherwertige Aufgabe sieht. Eine kollegiale Zusammenarbeit besteht nicht: Huber versucht sich sehr stark beim gemeinsamen Vorgesetzten zu profilieren. Der Kollege Bernd Wieland ist erst vor kurzem in die Abteilung gekommen, da in seinem bisherigen Bereich Personal abgebaut wurde. Er ist bisher im neuen Bereich nicht integriert und hat Konflikte mit dem Chef. Man spürt eine Abneigung gegenüber der Teamassistentin, und er schottet sich gegenüber den Kollegen ab. Das Verhältnis zwischen dem Chef und Jürgen Wolters ist gut, auch wenn der Chef zunehmend den jungen Huber in wichtige Entscheidungen einbezieht, die er früher mit Jürgen Wolters diskutiert hat. Zwischen Thomas Schmitt und dem Chef gibt es immer wieder Spannungen. Die Teamassistentin Sandra Müller fokussiert sich stark auf den Chef, das heißt, sie arbeitet nur widerwillig an den Aufgaben, die sie von den Sachbearbeitern zugewiesen bekommt. Nur für Thomas Schmitt hat sie jederzeit ein offenes Ohr. Der Chef ist mit Sandra Müller sehr zufrieden.

Übung 9: Erstellen Sie ein Soziogramm

Versuchen Sie mal selbst das Soziogramm des beruflichen Beziehungsumfelds von Jürgen Wolters grafisch darzustellen.

Tipp 9: So erstellen Sie ein Soziogramm

Sieht das Soziogramm etwa wie folgt aus? (Siehe folgende Seite.)

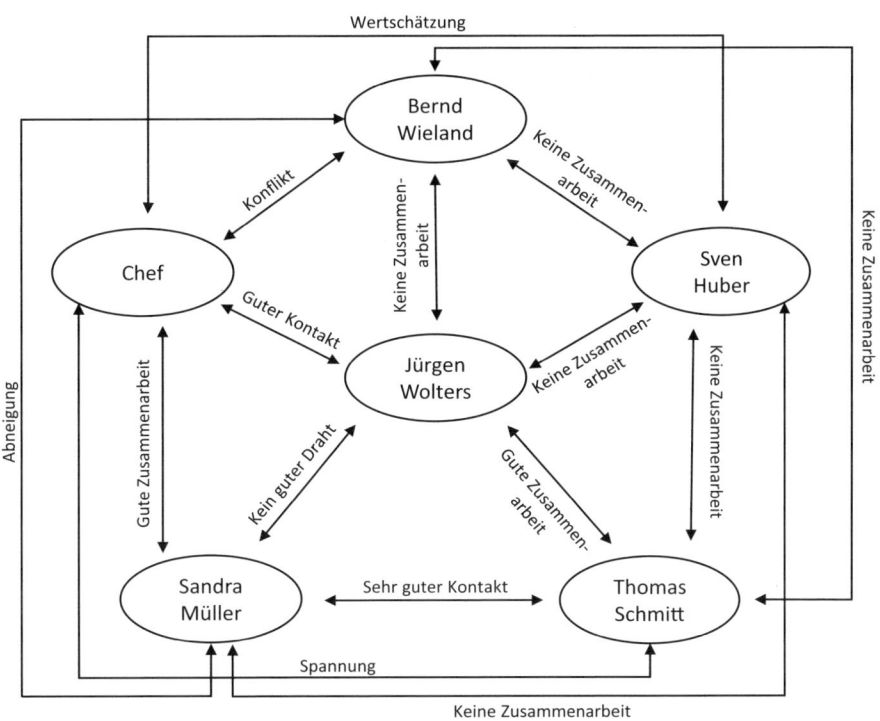

Abbildung 4: Jürgen Wolters berufliches Beziehungsumfeld

Versuchen Sie nun, Ihre eigenen Soziogramme zu erstellen. Beginnen Sie am besten mit einer sozialen Gruppe, die Ihnen besonders einfach und überschaubar erscheint, um dann weitere Gruppen zu beleuchten, die komplexer sind. Wenn Sie dieses Training vorwiegend machen, um sich beruflich weiterzuentwickeln, sollten Sie auf jeden Fall ein Soziogramm Ihrer beruflichen Situation erstellen.

Sind Ihnen beim Zusammenstellen einige Dinge bewusst geworden, die Sie bisher noch nie so betrachtet haben? Das Soziogramm kann Ihnen helfen, sich in Ihrem Umfeld klarer zu sehen. Die Psychologen nennen das „die Metaebene einnehmen", d.h., Sie betrachten sich und Ihr Umfeld quasi aus der Vogelperspektive. Sie können diese Übung noch ausweiten, indem Sie die Beziehungen nicht nur auf einem Blatt Papier darstellen, sondern mit Figuren, die die einzelnen Menschen symbolisieren, Situationen aufbauen. Je nachdem, in welchem Abstand die Figuren zueinanderstehen, können Sie so Nähe oder Distanz im Beziehungsverhältnis ausdrücken.

Die große Qualifikationsanalyse: Wer sind Sie und was können Sie?

Nachfolgend einige Fragen, die Sie sich bei der Analyse des Soziogramms stellen sollten:

Checkliste: Analyse des Soziogramms

1	Nehme ich in unterschiedlichen Gruppen/Beziehungen immer wieder eine vergleichbare Rolle ein — der Macher, der Schlichter? Oder stehe ich immer eher abseits?
2	Welche Faktoren/Verhaltensweisen haben dazu geführt, dass das Soziogramm so aussieht?
3	Möchte ich an einzelnen Beziehungen etwas ändern?
4	Welche Möglichkeiten habe ich, um eine Beziehungsänderung zu erreichen?
5	Wie sehen die Schritte konkret aus, die ich ergreifen möchte?

2.3.3 Wie steht es um Ihre Teamfähigkeit?

Wenn über soziale Kompetenz gesprochen wird, kommt den meisten Menschen zunächst der Begriff Teamfähigkeit in den Sinn. In nahezu jeder Stellenausschreibung wird dieses Anforderungskriterium genannt.

Übung 10: Belegen Sie Ihre Teamfähigkeit mit Beispielen

Beschreiben Sie mindestens drei Beispiele, mit denen Sie Ihre Teamfähigkeit belegen können.

Tipp 10: So belegen Sie Ihre Teamfähigkeit mit Beispielen

- Damit Sie ein klareres Bild über Ihre Teamfähigkeit erhalten, sollten Sie die nachfolgenden Fragen für sich beantworten:
- Arbeiten Sie gerne in Gruppen?
- Was gefällt Ihnen an der Arbeit im Team?
- Gibt es eine bestimmte Rolle, die Sie immer wieder innerhalb von Teams einnehmen (Teamleiter, Projektmitglied, Außenseiter)?
- Worin sehen Sie die Risiken der Teamarbeit?
- Haben Sie Beispiele, mit denen Sie erfolgreiche Teamarbeit belegen können?

Wir haben uns bei Übung 3 („Belegen Sie Ihre Fachkompetenz", Kapitel 2.2.2) schon einmal mit konkreten Beispielen als Nachweis für eine Qualifikation beschäftigt. Erinnern Sie sich an die Methode der geschlossenen Dreiecke? Nun gilt es wiederum, solche Beispiele zu finden, die eine Situation (S), Ihr Verhalten in der Situation (V) und schließlich ein Ergebnis (E) beinhalten.

Haben Sie drei Beispiele gefunden? Betrachten Sie Ihr Verhalten und das Ergebnis der Beispiele nochmals kritisch. Wie haben Sie sich verhalten? Haben Sie jeweils versucht sich anzupassen, um nur jedem Konflikt aus dem Wege zu gehen? War das Ergebnis ein Rückzug, nur um den Frieden zu wahren?

Eine junge, promovierte Germanistin beschrieb einmal Teamfähigkeit wie folgt: *Ich bin teamfähig, weil ich eigenständig denke!* Diese Aussage steht auf den ersten Blick im Widerspruch zur landläufigen Vorstellung von Teamfähigkeit. Wenn wir jedoch etwas näher hinschauen, wird klar, dass Teamfähigkeit auch heißt, innerhalb einer Gruppe neue Akzente zu setzen, Ideen einzubringen, die die Gruppe der Zielerreichung näher bringen, auch wenn sie zunächst auf Widerstand oder Unverständnis stoßen. So gesehen ist derjenige teamfähig, dem es gelingt, seine Fähigkeiten und Kenntnisse zum Nutzen der Gruppe einzubringen, damit alle gemeinsam das gesteckte Ziel erreichen. Da gibt es schon auch Konflikte und Meinungsverschiedenheiten. Entscheidend ist jedoch, dass die Teammitglieder positiv mit diesen Konflikten umgehen können und im fairen Miteinander nach der besten Lösung streben.

Gerade in interdisziplinären Teams, bei denen Menschen mit unterschiedlichem Fachwissen zusammentreffen, gilt es, die Denkweise des anderen zu verstehen und die eigenen Argumente so vorzutragen, dass auch die anderen sie verstehen können. Das ist nicht immer einfach. Schauen Sie sich doch einmal Kaufleute und Techniker an oder kreative Entwickler und bodenständige Leute aus der Produktion. Sie alle denken und sprechen in unterschiedlichen Strukturen und Sprachen, obwohl sie sich auf Deutsch unterhalten.

Teamfähigkeit setzt genau hier an: Indem Sie sich in andere hineinversetzen und versuchen, in deren Sprache Dinge anschaulich zu machen, damit sie verstanden werden. Nur wer sein Fachgebiet beherrscht und gleichzeitig die Akzeptanz der Gruppe findet, sodass diese auch seine Sachargumente aufgreift, ist ein wichtiges Mitglied für das Team und wird auf Dauer dort bestehen können. Fachwissen allein nützt wenig, wenn die anderen nur die Augen verdrehen und sich denken: „Ach, der wieder mit seinen ständigen Bedenken! Am besten laden wir ihn zur nächsten Teambesprechung erst gar nicht mehr ein." Zur Teamfähigkeit bedarf es des richtigen Fingerspitzengefühls und auch des notwendigen Verständnisses, um Konflikte so zu lösen, dass das Team gestärkt daraus hervor geht.

Teamfähigkeit ist also mehr als nur das Fähnchen in den Wind halten. Sehen Sie sich Ihre Beispiele nochmals an. Haben Sie gute Beispiele für Teamfähigkeit?

2.4 Führungskompetenz: Haben Sie das Potenzial zur Führungskraft?

Für viele Menschen ist beruflicher Erfolg sehr stark damit verbunden, Mitarbeiterverantwortung zu besitzen, also Führungskraft zu sein. Dabei spielt der soziale Status „Ich bin der Chef!" eine wichtige Rolle. Wer Führungskraft ist, hat Verantwortung, kann Macht ausüben und sagen, wo es lang geht. An einer Führungsaufgabe reizt aber auch viele die Möglichkeit, eigene Ideen durch eine Zahl von Mitarbeitern schneller realisiert zu bekommen. Was kennzeichnet die Rolle einer Führungskraft?

- Verantwortung für einen breiten Aufgabenbereich
  Es reicht nicht mehr aus, ein spezielles Fachgebiet zu beherrschen. Eine Führungskraft ist für einen größeren Bereich zuständig, bei dem sie nicht mehr in den einzelnen fachlichen Details drinstecken kann.
- Sandwich-Position zwischen dem eigenen Chef und den Mitarbeitern
  Eine Führungskraft steht von zwei Seiten unter Druck: gegenüber dem eigenen Chef mit dessen Erwartungen und Zielvorgaben und den Mitarbeitern gegenüber, die ebenfalls Erwartungen an ihren Chef haben.
- Verantwortung für Mitarbeiter
  Der Arbeitsschwerpunkt rückt von einer Sachorientierung hin zu einer Personenorientierung, da Führung und Motivation der Mitarbeiter als zentrale Aufgabe im Mittelpunkt stehen.

Die Tatsache, dass Sie als Fachkraft in Ihrem Bereich erfolgreich sind, bedeutet noch lange nicht, dass Sie auch die Anforderungen, die an einen Vorgesetzten gestellt werden, automatisch erfüllen. Soziale Kompetenzen, wie wir sie bereits im Kapitel 2.3 definiert haben, stellen dabei einen wichtigen Aspekt dar. Schließlich gilt es, sehr eng mit Mitarbeitern zusammenzuarbeiten, sie zu motivieren und ein Betriebsklima zu schaffen, das die Basis für eine hohe Leistungsbereitschaft bietet. Hierzu gehört, die richtigen Mitarbeiter einzustellen und Teams zu bilden, die sich ergänzen und produktiv zusammen arbeiten.

2.4.1 Zehn wichtige Eigenschaften für Führungskräfte

Als Führungskraft wird man nicht geboren: Vieles kann man lernen, wie bei anderen Kompetenzen auch. Dennoch ist es nicht jedermanns Sache, einer Abteilung vorzustehen und eine Mannschaft zu führen. Nachfolgend finden Sie zehn Eigenschaften, die für Führungskräfte besonders wichtig sind:

1. Persönliche Autorität: Sie strahlen Souveränität und Sicherheit aus. Sie werden von anderen respektiert und können sich in unterschiedlichen Situationen zurechtfinden.
2. Durchsetzungsstärke: Es gelingt Ihnen, Ihre Ziele auch gegen Widerstände umzusetzen. Sie können andere überzeugen und sind in der Lage, Ihre Ideen klar zu vertreten.
3. Einfühlungsvermögen: Sie können sich in Ihre Gesprächspartner hineinversetzen und Situationen aus unterschiedlichen Blickwinkeln betrachten.
4. Innovationswille: Sie streben Veränderungen an, um Verbesserungen erreichen zu können. Es gelingt Ihnen, anderen Menschen die Notwendigkeit von Veränderungsprozessen nahe zu bringen.
5. Vertrauen: Sie besitzen die Fähigkeit, anderen Menschen Vertrauen entgegenzubringen und ihnen damit Mut zu machen, neue Wege zu gehen. Andere Menschen können sich auf Sie verlassen.
6. Verantwortungsbereitschaft: Sie stehen zu Ihren Entscheidungen und weichen nicht zurück, wenn Schwierigkeiten auftreten.
7. Motivationsfähigkeit: Es gelingt Ihnen, Menschen zu begeistern und Ihre Visionen anderen nahe zu bringen.
8. Delegationsfähigkeit: Sie können Aufgaben und Verantwortung an andere übertragen. Sie räumen hierfür die entsprechenden Handlungsfreiräume ein.
9. Belastbarkeit: Sie halten Druck aus und bewahren auch bei großen Arbeitsmengen und schwierigen Situationen einen kühlen Kopf.
10. Kommunikationsfähigkeit: Sie können klar ausdrücken, was Sie möchten und beherrschen die Klaviatur der unterschiedlichen Verhaltensweisen.

Übung 11: Beurteilen Sie Ihre Führungseigenschaften

Wie sehen Sie diese Eigenschaften bei sich ausgeprägt? Kreuzen Sie jeweils an von 1 = sehr gering ausgeprägt bis 6 = stark ausgeprägt. Das Arbeitsblatt können Sie auch im Arbeitshilfen-online-Bereich abrufen.

Führungseigenschaften beurteilen

		1	2	3	4	5	6
1	Persönliche Autorität						
2	Durchsetzungsstärke						
3	Einfühlungsvermögen						
4	Innovationswille						
5	Vertrauen						
6	Verantwortungsbereitschaft						
7	Motivationsfähigkeit						

		1	2	3	4	5	6
8	Delegationsfähigkeit						
9	Belastbarkeit						
10	Kommunikationsfähigkeit						

Tipp 11: So beurteilen Sie Ihre Führungseigenschaften

Haben Sie sich in mehr als der Hälfte der Eigenschaften vier oder mehr Punkte gegeben? Dann sind das gute Voraussetzungen, um auch eine Führungsposition anzustreben. Ist es Ihnen schwer gefallen, die einzelnen Kriterien zu bewerten? Wenn ja, sollten Sie versuchen, sich ganz bewusst an Situationen aus der Vergangenheit zu erinnern.

- Wie haben Sie sich damals verhalten?
- Wie haben Sie sich dabei gefühlt?
- Welche Rückmeldungen haben Sie von anderen in dieser Situation bekommen?
- Haben Sie vielleicht im außerberuflichen Bereich bereits Führungserfahrungen sammeln können? Als Trainer einer Mannschaft? Als Gruppenleiter in der Jugendarbeit? Als Bezirksleiter einer Partei? Als Klassensprecher in der Schule?
- Wie sind Sie mit diesen Rollen zurechtgekommen? Welche Erfahrungen haben Sie dabei gemacht?

Sofern bei Ihnen viele der genannten Eigenschaften nicht besonders stark ausgeprägt sind, sollten Sie für sich zunächst überlegen, ob Sie eine Führungsaufgabe derzeit überhaupt anstreben.

▶ BEISPIEL: Keine Zeit mehr für Fachthemen

Angelika Wünsch, eine junge, hoch motivierte Mathematikerin, begann ihre berufliche Tätigkeit als Fachreferentin in einer Versicherung. Sie konnte in dieser Aufgabe Ihr Interesse für Mathematik und Statistik sehr gut einsetzen und war schnell zu einer Leistungsträgerin geworden. Bereits nach zwei Jahren bot man ihr eine Führungsaufgabe an.

Nach einem halben Jahr in dieser Funktion war Angelika Wünsch völlig am Boden. Im Gespräch mit ihrem Vorgesetzten wurde deutlich, worunter sie litt: „Als ich noch Referentin war, konnte ich mich intensiv mit Fragestellungen auseinandersetzen, die mich fachlich interessierten. Jetzt bin ich 80 % meiner Zeit nur damit beschäftigt, die großen und kleinen Probleme meiner Mitarbeiter zu diskutieren und organisatorische Aufgaben zu erledigen. Mir bleibt so gut wie keine Zeit, mich tiefer gehend mit Fachthemen zu beschäftigen, für die ich mich so interessiere."

Das Beispiel macht deutlich, dass es nicht jedermanns Sache ist, eine Führungslaufbahn einzuschlagen. Das heißt jedoch nicht, dass es keine alternativen Entwicklungsmöglichkeiten gibt.

War der Karrierebegriff in der Vergangenheit sehr stark mit der Führungslaufbahn verbunden, eröffnen sich heute ganz neue Karrieremuster, die dem Einzelnen eine Vielzahl von Möglichkeiten bieten. So gibt es neben der klassischen Führungslaufbahn immer häufiger die Fachlaufbahn, in der sich Experten parallel zu Linienvorgesetzten weiterentwickeln können. Auch die Übernahme von Projekt- oder Prozessverantwortung kann interessante Entwicklungsmöglichkeiten eröffnen.

Sofern Sie aber doch Mitarbeiterführung anstreben, ist es sicherlich sinnvoll, an der Weiterentwicklung der einzelnen Kriterien zu arbeiten.

- Hierzu bieten sich zum einen Seminare an. In den meisten Unternehmen werden für angehende Führungskräfte einschlägige Trainings angeboten, in denen das Handwerkszeug des Führens vermittelt und geübt wird.
- Eine andere Möglichkeit besteht darin, zunächst im Rahmen einer Vertretungsregelung Führungsverantwortung zu übernehmen.
- Eine gute Möglichkeit, Ihr Führungspotenzial auszutesten, besteht auch in der Übernahme einer Projektleitungsaufgabe. Hier sind Sie zwar nicht disziplinarischer Vorgesetzter, dennoch sind Sie fachlich weisungsberechtigt und müssen die Projektmitarbeiter innerhalb des Projekts führen. Schließlich sind Sie für die Erreichung des Projektziels verantwortlich.
- Besonders hilfreich empfinden Nachwuchsführungskräfte auch die Möglichkeit eines individuellen Coachings. Dabei können Situationen aus dem Berufsalltag analysiert und Handlungsalternativen entwickelt und geübt werden. Mehr und mehr Unternehmen bieten diesbezügliche Unterstützung auch durch externe Coaches an.

2.4.2   Wie steht es um Ihr Führungsverhalten?

Sie haben in Ihrer bisherigen Berufstätigkeit sicherlich sehr unterschiedliche Cheftypen kennen gelernt. Dabei sind die in Übung 10 („Belegen Sie Ihre Teamfähigkeit mit Beispielen", Kapitel 2.3.3) beschriebenen Eigenschaften auch verschieden stark ausgeprägt; vielleicht dominieren auch einzelne Eigenschaften. Nachfolgend eine kleine Typologie von Chefs:

Kleine Chef-Typologie

Der kooperative Chef: Dieser Typ ist teamorientiert und führt vorwiegend mit Zielen. Er überträgt Verantwortung auch in die Hände der Mitarbeiter. Mitarbeiter haben hier sehr große Freiheiten, die sie aber im Hinblick auf die Zielerreichung auch ausfüllen müssen.

Der Diktator: Der Diktator ist das genaue Gegenteil des kooperativen Chefs. Er will seine Ideen durchsetzen und gibt seinen Mitarbeitern klare Anweisungen. Die Freiräume und der Gestaltungsspielraum für eigene Ideen sind sehr gering. In der Regel ist der Diktator ein Egozentriker, der nur die Erreichung seines Ziels kennt. Die Mitarbeiter sind ihm eher egal.

Der Macher: Er möchte in alles involviert sein und den Themen seinen Stempel aufdrücken. Er liebt die ihm verliehene Macht und setzte sie mit allem Nachdruck zum Erreichen seiner Ziele ein. Er misst seine Mitarbeiter in der Regel an seinen eigenen, sehr hohen Zielen und ist für seinen Beruf rund um die Uhr im Einsatz.

Der Patriarch: Der Patriarch hält wenig von Teamarbeit und gemeinsamer Verantwortung. Er ist überzeugt, dass seine Ansichten die richtigen sind und zum Erfolg führen. Er sorgt sich um das Wohl seiner Mitarbeiter, verfolgt aber seinen eigenen Weg und lässt sich auf diesem nicht kritisieren. Mitarbeiter bekommen nur wenig eigene Verantwortung, da Delegation für den Patriarchen ein Fremdwort ist.

Der Zauderer: Er ist unsicher, bisweilen skeptisch und zögerlich, wenn es darum geht, klare Entscheidungen zu treffen. Er hängt die Fahne oft in den Wind, seine Mitarbeiter können von ihm nur wenig Rückendeckung erwarten.

Die unterschiedlichen Cheftypen sind mit bestimmten Führungsstilen verbunden, die sich im Wesentlichen in zwei Gruppen teilen lassen: den kooperativen und den autoritären Führungsstil.

- In der Mehrzahl der Unternehmen wird ein eher kooperativer Führungsstil proklamiert, bei dem die Mitarbeiter über Zielvorgaben und Feedback geführt werden. Persönliche Handlungsfreiheiten und die Übertragung von Verantwortungsbereichen kennzeichnen diesen Stil. Der Vorgesetzte ist ein Coach, der seine Mitarbeiter berät und fördert.
- Beim autoritären oder direktiven Führungsstil sind die Vorgaben sehr eng gefasst. Die hierarchische Ausprägung ist stark, Mitarbeiter werden an einer kurzen Leine geführt. Dieser Führungsstil ist am häufigsten in einem konservativen Umfeld anzutreffen.

Nachfolgend ein Fallbeispiel, anhand dessen Sie Ihr Führungsverhalten näher beleuchten können.

▶ BEISPIEL: Führungsverhalten prüfen

Ihr Mitarbeiter Herr Lang ist seit sechs Jahren im Unternehmen tätig. Er war immer sehr zuverlässig und engagiert. Seit einiger Zeit müssen Sie jedoch feststellen, dass er äußerst unkonzentriert ist und dass seine Arbeitsleistung deutlich zurückgeht. Er kommt morgens zu spät ins Büro, was Sie sich anhand der Zeiterfassung von der Personalabteilung haben bestätigen lassen. Sie haben das Thema bisher nicht bei ihm angesprochen, abgesehen von der Bemerkung, dass sie ihn morgens mehrfach nicht erreichen konnten. Sie sind mit seinem Leistungsverhalten sehr unzufrieden, zumal Sie wissen, dass er in der Vergangenheit ein sehr guter Mitarbeiter war. Aus diesem Grund möchten Sie mit ihm ein Gespräch führen.

Übung 12: Kritische Gespräche mit Mitarbeitern führen können

Wie gehen Sie in das Gespräch? Beschreiben Sie Ihren Gesprächsansatz und Ihre Vorgehensweise.

Tipp 12: Kritische Gespräche mit Mitarbeitern führen können

Im Wesentlichen gibt es in dieser Situation zwei grundsätzliche Vorgehensweisen:

- Sie eröffnen das Gespräch, indem Sie dem Mitarbeiter klar Ihre Unzufriedenheit zeigen. Sie machen ihm deutlich, dass Sie von ihm ein anderes Leistungsverhalten erwarten, und drohen Konsequenzen an. Diese Vorgehensweise entspricht einem direktiven, autoritären Führungsstil.
- Sie versuchen zunächst, durch Fragen in Erfahrung zu bringen, worin die Ursachen für das veränderte Leistungsverhalten Ihres Mitarbeiters liegen. Ihr Ziel ist es, eine vertrauensvolle Gesprächssituation zu schaffen. Indem der Mitarbeiter die ursächlichen Probleme beschreibt, bietet sich die Möglichkeit, Lösungsansätze zu finden. Wichtig dabei ist, dass der Mitarbeiter selbst Vorschläge macht, wie das Problem gelöst werden kann und in welcher Weise Sie ihn dabei unterstützen können. Am Ende des Gesprächs sollte eine klare Vereinbarung über das weitere Vorgehen stehen. Diese Vorgehensweise entspricht einem eher kooperativen Führungsstil.

Versuchen Sie auch einmal, eine solche Situation mit einem Partner durchzuspielen. Lassen Sie sich eine Rückmeldung geben, wie Ihr Verhalten „angekommen" ist. Aus diesem Feedback lassen sich wichtige Anhaltspunkte für Ihr zukünftiges Verhalten gewinnen.

2.4.3   Gelingt es Ihnen, andere Menschen zu überzeugen?

Um seine Ziele erreichen zu können, bedarf es der Fähigkeit, andere Menschen zu überzeugen und für die eigenen Ideen zu gewinnen. Dies ist zum einen ganz besonders in Führungsfunktionen gefordert, aber auch in vertriebsnahen Tätigkeiten. Eine wichtige Voraussetzung besteht darin, sich in andere Menschen hineinversetzen und auf deren Bedürfnisse eingehen zu können.

Um dies erfolgreich zu tun, bedarf es der Beschäftigung mit diesen Menschen. Der fachliche Hintergrund, das Alter, die Herkunft, die persönliche Interessenlage, der soziale Status und die vertretenen Werte sind nur einige Aspekte hierzu. Je spezifischer Sie auf die Zielperson eingehen und die Argumentation an deren Bedürfnissen ausrichten, desto höher ist die Wahrscheinlichkeit, dass Sie diese Person gewinnen können.

Übung 13: Informieren Sie sich über Ihren Kunden

Sie sind Berater in einem Finanzdienstleistungsunternehmen, das alle Dienstleistungen im Bereich Versicherungen, Altersvorsorge sowie Geldanlage und Finanzierung anbietet.
Welche Informationen sollten Sie über den Kunden in Erfahrung bringen, damit Sie wissen, in welche Richtung die Beratung gehen wird und welche Produkte für den Kunden passen könnten?

Tipp 13: So informieren Sie sich über Ihren Kunden

Wer fragt, führt — dieser alte Grundsatz ist auch in dieser Situation durchaus hilfreich. Nur wenn es Ihnen gelingt, die Lebenssituation und die Bedürfnisse des Kunden in Erfahrung zu bringen, werden Sie Ihre Argumentation darauf ausrichten können und zum Verkaufserfolg kommen. Es wäre deshalb wichtig, auf die nachfolgenden Fragen Antworten zu bekommen:

- Welche Vermögenswerte besitzt der Kunde?
- Wie sind seine Einkommensverhältnisse?
- Wie stellt sich die private Lebenssituation des Kunden dar?
- Hat der Kunde noch minderjährige Kinder?
- Wie sieht seine bisherige Anlagestrategie aus?
- Ist er eher sicherheitsorientiert oder risikofreudig?
- Wie sieht seine weitere Lebensplanung aus?
- Wie lange plant der Kunde noch im Berufsleben zu stehen?
- Gibt es bevorzugte Anlageformen für den Kunden?

Fundiertes Wissen über die Bedürfnisse des Kunden reicht jedoch noch nicht aus. Es ist ferner notwendig, ihn durch eine überzeugende Argumentation zu gewinnen. Hierzu gehört zum einen ein solides Fachwissen. Nur wer sein Fachgebiet sicher beherrscht, hat das notwendige Rüstzeug, um argumentieren zu können. Hierüber haben wir im Kapitel Fachkompetenz bereits gesprochen. An dieser Stelle tritt nun die Frage in den Vordergrund, wie Sie dieses Wissen transportieren. Denn was nützt das beste Fachwissen, wenn es nicht gelingt, andere Menschen zu begeistern und zu überzeugen?

Um über Ihre diesbezüglichen Fähigkeiten mehr in Erfahrung zu bringen, sollten Sie wieder gedanklich in die Vergangenheit gehen. Überlegen Sie sich Situationen, in denen es Ihnen gelang, andere Menschen von etwas zu überzeugen. Hier ein paar Anregungen:

- Haben Sie Ihren Ehepartner für eine bestimmte Urlaubsreise begeistern können, die Sie gerne machen wollten?
- Konnten Sie Ihren Vorgesetzten für eine Projektidee begeistern?
- Können Sie auf Verkaufserfolge zurückblicken?

Wie sind Sie vorgegangen? Was war die Grundlage für Ihren Erfolg? Wenn Sie ein bestimmtes Verhaltensmuster erkennen, notieren Sie es sich. Es ist hilfreich sich bewusst zu machen, dass es drei Ansatzpunkte sind, über die sich Menschen begeistern und gewinnen lassen:

Abbildung 5: Begeisterung

Die Basis für Begeisterung sollten immer überzeugende Argumente und Fakten, also der Inhalt sein. Indem Sie eine wertschätzende Kommunikation einsetzen, die individuell auf die jeweilige Person zugeschnitten ist, werden Sie Menschen auch emotional erreichen. Und schließlich sollten Sie sich bewusst sein, dass Sie Menschen dann mit ins Boot bekommen, wenn die Aufgaben auch mit den Visionen, Zielen und Wünschen des Mitarbeiters in Einklang stehen.

Der folgende Satz von Antoine de Saint-Exupéry bringt dies sehr bildlich auf den Punkt: „Wenn Du ein Schiff bauen willst, dann rufe nicht die Menschen zusammen, um Holz zu sammeln, Aufgaben zu verteilen und die Arbeit einzuteilen, sondern lehre sie die Sehnsucht nach dem großen, weiten Meer." (Antoine de Saint-Exupéry (1900–1944), französischer Flieger und Schriftsteller)

2.5 Wie steht es um Ihre interkulturelle Kompetenz?

Die Globalisierung der Wirtschaft geht immer schneller voran. Sie werden verstärkt mit Menschen aus anderen Kulturen in Kontakt kommen. Unser Verhalten und unsere Erwartungen sind jedoch nach wie vor sehr stark von unserem kulturellen Hintergrund bestimmt. Ob privat oder im Berufsleben: Es treten immer wieder Konflikte auf, weil wir das Verhalten des anderen falsch interpretieren oder selbst mit den Gepflogenheiten eines Landes nicht vertraut sind und Fehler machen.

Viele Unternehmen mussten solche Verhaltensfehler ihrer Mitarbeiter schon teuer bezahlen, wenn dadurch Geschäfte nicht realisiert werden konnten. So bieten zahlreiche Unternehmen ihren Mitarbeitern interkulturelle Trainings an, um sich mit dem Gastland besser vertraut zu machen und die größten Fettnäpfchen zu umgehen.

Übung 14: Verhalten Sie sich in anderen Ländern angemessen?

Wie verhalten Sie sich in den nachfolgenden Situationen?

Situation 1: Ihr Geschäftspartner aus Südkorea kommt erstmals auf Geschäftsreise zu Ihnen. Er überreicht Ihnen seine Visitenkarte.

a) Sie nehmen die Karte und stecken Sie gleich in die Jackentasche.
b) Sie legen die Visitenkarte sofort auf den Tisch.
c) Sie bitten den Geschäftspartner, seine Karte noch so lange zu behalten, bis Sie an Ihrem Schreibtisch sind und ihm auch Ihre Visitenkarte geben können.

d) Sie nehmen die Karte in beide Hände, betrachten sie eine Weile, sagen etwas Wertschätzendes über die Karte und sehen Ihren Geschäftspartner dabei an. Danach legen Sie die Karte vor sich auf den Tisch.

Situation 2: Sie sind geschäftlich in den USA. Ihr Geschäftspartner lädt Sie am Ende der Verhandlungen für den darauf folgenden Tag abends um 18.30 Uhr zu sich nach Hause ein.

a) Sie nehmen die Einladung dankend an und bringen eine Flasche Wein mit.
b) Sie nehmen die Einladung an und schreiben am darauf folgenden Tag eine kleine Karte, mit der Sie sich für die Einladung nochmals bedanken.
c) Sie lehnen die Einladung ab, weil Sie denken, es handelt sich bei der Einladung nur um eine allgemeine Floskel, die aber nicht so gemeint ist, dass Sie wirklich kommen sollen.
d) Sie sagen gar nichts, gehen aber nicht hin.

Situation 3: Sie fahren in der Türkei mit dem Pkw auf der Landstraße und steuern die nächste Tankstelle an. Der Tankwart erkennt, dass Sie Deutscher sind, und fängt mit Ihnen ein Gespräch auf Deutsch an, weil er einige Jahre in Deutschland gelebt hat. Freundlich bietet er Ihnen eine Tasse Tee an.

a) Sie lehnen den Tee ab und warten bis der Wagen betankt ist.
b) Sie nehmen den Tee an und unterhalten sich mit dem Tankwart.
c) Sie fahren, ohne zu tanken, von der Tankstelle weg, weil Sie glauben, er möchte Sie nur übervorteilen.
d) Sie lehnen den Tee ab, sagen aber, dass Sie lieber eine Cola hätten.

Situation 4: Sie sind in Frankreich zum Skilaufen und Ihr Sohn wird vom Leiter der Skischule in eine Gruppe eingeteilt, in der schon zehn Kinder sind. In den Vertragsbedingungen steht, dass die Gruppen aus maximal acht Kindern bestehen.

a) Sie gehen auf den Leiter zu, beschweren sich lautstark und fordern Ihr Geld zurück.
b) Sie sagen nichts, weil Sie Gast in einem fremden Land sind und nicht negativ auffallen wollen.
c) Sie gehen auf den Leiter zu, fragen ihn freundlich, wie es ihm geht, beginnen also das Gespräch mit ein bisschen Smalltalk. Dann erst fragen Sie, wie er denn die Kurseinteilung weiter planen würde.
d) Sie warten bis zum letzten Tag des Skikurses, bevor Sie den Leiter ansprechen, um ihm Ihre Unzufriedenheit mitzuteilen.

Situation 5: Sie machen am Roten Meer Badeurlaub. Außerhalb der Hotelanlage finden Sie einen wunderschönen Strand. Sie möchten sich gerne an den Strand legen und sich als Frau „oben ohne" bräunen.

a) Sie halten das für okay, da mit Ihrem Partner in männlicher Begleitung sind.
b) Sie lassen das Oberteil an, um nicht gegen die Landessitten zu verstoßen.
c) Sie lassen sich von irgendwelchen moralischen Regeln gar nicht beeinflussen und baden „oben ohne".
d) Sie verzichten ganz auf das Sonnenbad.

Tipp 14: So verhalten Sie sich in anderen Ländern angemessen

Situation 1: Die Übergabe von Visitenkarten stellt in Asien ein besonderes Ritual dar. Indem Sie die Visitenkarte in beide Hände nehmen und eine Weile betrachten und wenn möglich zunächst vor sich auf den Tisch legen, bevor Sie sie dann einstecken, drücken Sie Ihre Wertschätzung für den Gesprächspartner aus. Antwort d) ist daher sinnvoll.

Situation 2: Die Amerikaner sprechen wesentlich leichter eine Einladung aus, als dies bei uns üblich ist. Wenn hier nicht ein konkreter Termin genannt wird, sollten Sie in der Tat etwas zurückhaltend sein, einfach dort aufzutauchen. In unserem Beispiel ist jedoch ein konkreter Tag mit Uhrzeit genannt, dann sollten Sie die Einladung auch annehmen und kommen. Etwas mitzubringen ist im Gegensatz zu Deutschland eher unüblich, das Schreiben einer kleinen Dankeskarte am Folgetag dagegen „ein Muss" und ein Beweis für gute Umgangsformen. Antwort b) ist daher richtig.

Situation 3: Gastfreundschaft spielt in der Türkei eine große Rolle. Wenn Ihnen der Tankwart eine Tasse Tee anbietet, ist dies eine freundliche Geste, die Sie annehmen sollten. Antwort b) ist daher zu empfehlen.

Situation 4: Wir Deutschen werden im Ausland als sehr direkt und etwas hölzern und steif in unserem Verhalten wahrgenommen. Uns fehlt häufig die Geschmeidigkeit und bisweilen Blumigkeit in unserer Ausdrucksweise und in unserem Verhalten, wie wir das bei Südländern eher kennen. Fallen Sie nicht mit der Tür ins Haus, ein Lächeln und ein bisschen Smalltalk sind wichtig, um beispielsweise mit Franzosen besser ins Gespräch zu kommen und dann auch die eigenen Interessen durchsetzen zu können. Nichts oder erst am letzten Tag etwas zu sagen, wenn sowieso nichts mehr geändert werden kann, ist auch nicht die Lösung. Alternative c) bietet sich deshalb an.

Situation 5: Andere Länder, andere Sitten. So ist es in arabischen Ländern nicht mit dem dortigen religiösen Bewusstsein vereinbar, wenn Frauen sich in der Öffentlichkeit „oben ohne" zeigen. Sie sollten sich darüber bewusst sein, dass Sie Gast sind und diese Regeln beachten. Es spielt dabei keine Rolle, ob eine männliche Begleitung dabei ist. Wir empfehlen deshalb Alternative b).

Egal, ob Sie privat unterwegs sind oder beruflich im Ausland zu tun haben, machen Sie sich mit den „Spielregeln" des Gastlandes vertraut. So bekommen Sie viel schneller Kontakt zu anderen Menschen und finden deren Akzeptanz.

Aber nicht nur, wenn Sie als Fremder im Ausland unterwegs sind, spielt das Thema „interkulturelle Kompetenz" eine Rolle. Auch hier zu Hause kommen wir in Kontakt mit Menschen aus unterschiedlichen Kulturkreisen. Offenheit, Toleranz, aber auch die Bereitschaft, Ausländern dabei zu helfen, sich in unserem Kulturkreis zurechtzufinden, können das Miteinander deutlich erleichtern.

> **Zusammenfassung: Das sollten Sie in diesen drei Unterkapiteln erreicht haben**
>
> Nach Bearbeitung der letzten drei Unterkapitel, bei denen es um Ihren Umgang mit anderen Menschen ging, sollten Sie Ihr privates und berufliches Umfeld sowie Ihre Beziehungsverknüpfungen kennen. Sie kennen Ihre Rolle innerhalb der unterschiedlichen Systeme und haben ein bestimmtes Verhaltensmuster erkannt, nach dem Sie handeln. Sie haben sich damit auseinandergesetzt, ob Sie eine Führungsfunktion anstreben und welchen Führungsstil Sie dabei umzusetzen versuchen. Sie wissen, dass soziale Kompetenz die Fähigkeit bedeutet, sein Verhalten situationsgerecht auszurichten und individuell auf unterschiedliche Menschen einzugehen. Um andere überzeugen und für Ihre Ideen gewinnen zu können, bedarf es mehr als nur der Fachkompetenz. Sie benötigen auch die Fähigkeit, die Bedürfnisse und den kulturellen Hintergrund Ihres Gesprächspartners zu erkennen und Ihre Argumentation sowie Ihr Verhalten darauf auszurichten.

2.6 Welche Methodenkompetenz können Sie vorweisen?

Wenn wir über Methodenkompetenz sprechen, wird es wieder sehr pragmatisch. In diesem Kapitel geht es darum, mehr über Ihre Arbeitstechniken und Vorgehensweisen zu erfahren, die Sie zur Lösung Ihrer Aufgaben und Probleme einsetzen. Stellen Sie sich einfach einen Handwerker vor, z. B. einen Klempner, der einen Wasserrohrbruch reparieren soll. Er kommt mit seiner Werkzeugkiste, darin befinden sich ein Hammer, ein Schraubenzieher, ein Stemmeisen, ein Engländer usw. So wie der Handwerker seine Werkzeuge zur Bearbeitung seiner Probleme einsetzt, verfügen auch Sie über eine Sammlung von „Tools", die Ihnen helfen, die gestellten Aufgaben zu bewältigen.

Methodenkompetenz hat gegenüber der Fachkompetenz einen großen Vorteil: Sie ist wesentlich universeller einsetzbar, d. h., sie kann fachübergreifend zum Einsatz gebracht werden. Sie veraltet nicht so schnell wie Fachwissen und erleichtert den Wechsel in neue Arbeitsgebiete.

2.6.1 Wie kann Methodenkompetenz zu mehr beruflicher Flexibilität verhelfen?

Warum ist Methodenkompetenz gerade in unserer von Veränderungen geprägten Arbeitswelt so wichtig? Selbst wenn Sie nicht den Arbeitsplatz wechseln, werden immer neue Aufgabenstellungen auf Sie zukommen. Nicht weil Ihr Chef das so toll findet, sondern weil der Markt mit seinem immer stärkeren Wettbewerb Veränderungen und Anpassungen an die Kundenwünsche notwendig macht. Wer in dieser Situation nur anhand eines festen Schemas seine Aufgaben abarbeitet, kann sich neuen Anforderungen nicht anpassen. Er braucht dann wieder eine neue Checkliste, die ihm sagt, was er zu tun hat. Der methodisch qualifizierte Mitarbeiter ist in der Lage, die neuen Aufgabenstellungen selbstständig in den Griff zu bekommen. Sein Chef muss ihm nicht eine neue Checkliste schreiben, was er zu tun hat. Es reicht, wenn er ihm den Wunsch des Kunden übermittelt.

Gerade Hochschulabsolventen sollten viel stärker auf ihre methodischen Fähigkeiten abstellen und nicht nur fachlich argumentieren. Schließlich stellt die Fähigkeit, Fragestellungen selbstständig zu bearbeiten und geeignete Lösungswege zu finden, eine Kernkompetenz eines akademisch gebildeten Menschen dar. Das Schreiben einer Bachelor- oder Masterarbeit hat genau diese Funktion. Der Kandidat soll beweisen, dass er in der Lage ist, ein ihm fremdes Thema eigenständig zu erfassen und strukturiert aufzugreifen. Hier gilt: Der Weg ist das Ziel. Methodenkompetenz ist aber nicht nur auf Akademiker begrenzt. In jedem Berufsfeld geht es darum möglichst passende Lösungswege zu finden, die sowohl unter Kostengesichtspunkten als auch unter dem Aspekt der Qualität akzeptabel sind.

▶ **BEISPIEL: Thomas Holzer orientiert sich beruflich neu**

Thomas Holzer war als Lagerleiter bei einem Schraubengroßhändler beschäftigt. Aufgrund der Insolvenz seiner Firma muss er sich bewerben. Zunächst sucht er innerhalb der Schraubenbranche nach einer neuen Stelle. Aufgrund seiner Fachkompetenz im Bereich der unterschiedlichen Schraubentypen erhofft er sich einen Wettbewerbsvorteil gegenüber anderen Bewerbern. Leider findet er in diesem Bereich keine neue Stelle. Schließlich bewirbt er sich in anderen Branchen als Lagerleiter. Über einen Bekannten wird er bei einem Elektronikfachhändler zum Vorstellungsgespräch eingeladen.

Übung 15: Argumentieren Sie mit Methodenwissen

Wie sollte Thomas Holzer Ihrer Meinung nach argumentieren, damit er die Stelle bekommt?

Tipp 15: So argumentieren Sie mit Methodenwissen

Thomas Holzer muss versuchen, dem Arbeitgeber deutlich zu machen, dass Fachkompetenz bezogen auf die Produkte, die im Lager geführt werden, nicht die entscheidende Bedeutung hat. Hier hätte er gegenüber anderen Bewerbern einen klaren Nachteil, weil er mit diesen Produkten keine Erfahrung hat und sich erst einarbeiten muss. Viel wichtiger ist es, dass er Erfahrung darin besitzt, wie man grundsätzlich ein Lager führt, wie man Teile anhand von Typ-Teile-Nummern kategorisiert und ihnen eindeutige Lagerplätze zuordnet. Ihm ist die Vorgehensweise vertraut, wie er am leichtesten eine Inventur durchführt und „Bestandsleichen" herausfindet. Er kann belegen, dass er die Methodik der Lagerführung erfolgreich beherrscht. Ob er das mit Schrauben macht oder mit Elektronikteilen, spielt dabei eine untergeordnete Rolle.

Anders formuliert: Methodenkompetenz, also die Art und Weise, wie Aufgabenstellungen gelöst werden, ist im Beruf wesentlich wichtiger als reines Fachwissen, das sich in der Regel sehr schnell aneignen lässt und auch schneller veraltet.

2.6.2   Was ist charakteristisch für Ihren Arbeitsstil?

Jeder Mensch hat sich im Laufe seines Lebens einen bestimmten Arbeitsstil angewöhnt.

- Es gibt Menschen, die alles bis ins kleinste Detail planen.
- Andere gehen eher großzügig an Aufgaben heran.

- Es gibt Menschen, die lieber kleine Etappen Schritt für Schritt machen.
- Andere stecken das große Bild und den Rahmen ab und legen dabei auf Details nicht so großen Wert.

Der Arbeitsstil hat nicht zuletzt Einfluss darauf, ob Sie mit anderen im Team zusammenarbeiten können oder nicht. Wer vollkommen anders als die Kollegen an Aufgaben herangeht, kann bisweilen Probleme bekommen, wenn im Team keine gemeinsame Struktur für die Bearbeitung der anstehenden Aufgaben gefunden werden kann. Dann entstehen oft endlose Diskussionen über die Vorgehensweise, ohne dem Ziel einen Schritt näher zu kommen. Zurück bleiben Unzufriedenheit und ständige Rechtfertigung der eigenen Vorstellungen.

Übung 16: Erkennen Sie, wie Sie bei der Lösung von Aufgaben vorgehen

Sie wohnen im Rhein-Main-Gebiet in einer 2-Zimmer-Wohnung mit 45 qm und müssen aufgrund einer Eigenbedarfskündigung ausziehen. 15 Kilometer von Ihrem bisherigen Wohnort haben Sie eine hübsche 3-Zimmer-Wohnung mit 67 qm gefunden. Aus finanziellen Gründen wollen Sie keinen Umzugsspediteur einschalten, sondern in Eigenregie unter Zuhilfenahme von Bekannten den Umzug meistern.
Wie gehen Sie an die Umzugsplanung? Beschreiben Sie die einzelnen Schritte, wie Sie vorgehen und an was Sie alles im Zusammenhang mit dem Umzug bedenken und organisieren müssen.

Tipp 16: So erkennen Sie, wie Sie bei der Lösung von Aufgaben vorgehen

Wie viele einzelne Punkte haben Sie aufgelistet? Mehr als zehn? Oder haben Sie vielleicht nur notiert, dass Sie ein Fahrzeug organisieren und ein paar Leute zusammentrommeln müssen? Vielleicht haben Sie auch einen Ablaufplan gemacht, wie Sie vorgehen werden?

Es gibt sehr unterschiedliche Möglichkeiten, an diese Aufgabenstellung heranzugehen. Hier zwei Beispiele:

Variante 1: Auflistung
Entweder Sie listen einfach die unterschiedlichen Arbeiten auf, die Ihnen spontan einfallen:

- Umzugswagen anmieten
- Alte Wohnung renovieren

- Strom/Gas/Telefon ummelden
- Bekannten und Freunden die neue Anschrift mitteilen
- Überlegen, welche Möbel wo stehen sollen
- Freunde ansprechen, die helfen können
- Hausrat ausmisten
- Verpflegung für Umzugstag organisieren
- Nachsendeantrag für die Post stellen
- Küche einbauen
- Umzugskisten besorgen
- Schränke aufbauen
- Lampen aufhängen

Variante 2: Projektplan

Oder Sie machen einen Projektplan:

- Festlegung des Budgets: max. 1.900,– Euro
- Zeitplan Umzugstermin: 25.3., alle Arbeiten sollen zwischen dem 23.3. und 28.3. erledigt sein.
- Teilprojekte: 1) Renovierung der alten Wohnung; 2) Vorbereitende Arbeiten für den Umzug; 3) Organisation des Umzugstags; 4) Folgearbeiten in der neuen Wohnung

Teilprojekt 1:
Renovierung der alten Wohnung

Aufgabe	Kosten in Euro	Termin
Farbe, Werkzeug und Abklebeband kaufen	200,–	23.3.
Durchführung der Renovierungsarbeiten		27.3.
Wohnung putzen		28.3.
Übergabe der alten Wohnung		28.3.

Teilprojekt 2:
Vorbereitende Arbeiten für den Umzug

Helfer ansprechen	300,–	sofort
Umzugswagen für 1 Tag anmieten	350,–	23.3.
Kartons ausleihen	50,–	23.3.
Getränke für Umzugstag besorgen	60,–	23.3.
Handwerker mit dem Kücheneinbau beauftragen	350,–	23.3.
Überlegen, wo neue Möbel stehen sollen (Plan)		23.3.

Hausrat ausmisten		24.3.
Sachen in Kisten verpacken		24.3.
Ablaufplan mit Helfern durchsprechen		25.3.

Teilprojekt 3:
Organisation des Umzugstags

Umzugswagen abholen		8.00 Uhr
Helfer einteilen		9.00 Uhr
Plan, wo welche Möbel stehen sollen, verteilen		9.30 Uhr
Pizza für Helfer abholen	60,–	12.00 Uhr
Schränke aufbauen		ab ca. 15.00 Uhr
Gemütlicher Umtrunk mit Helfern und neuen Nachbarn		ab ca. 18.00 Uhr

Teilprojekt 4:
Folgearbeiten in der neuen Wohnung

Küche aufbauen lassen		26.3.
Kartons auspacken		26.3.
Lampen aufhängen		26.3.
Gas/Strom/Telefon ummelden		26.3.
Neue Adresse Bekannten mitteilen		28.3.
Notwendige Kleinmöbel/Gardinen kaufen	400,–	28.3.
Summe der Kosten	**1.810,–**	

Wie sind Sie an die Aufgabe herangegangen: eher wie Variante 1 oder wie Variante 2? Überlegen Sie, wie Sie bisher mit Ihrer Vorgehensweise zurechtgekommen sind. Welcher der vorgestellten Lösungsansätze gefällt Ihnen besser? Konnten Sie die gestellten Aufgaben erfolgreich lösen?

2.6.3 Wie steht es um Ihr Zeitmanagement?

Zeitmanagement ist ein zentrales Element im Rahmen der Methodenkompetenz. Die zur Verfügung stehende Zeit effizient und zielgerichtet zu nutzen hilft Ihnen, die gestellten Aufgaben erfolgreich zu meistern.

Geht es Ihnen auch manchmal so, dass Sie den ganzen Tag schwer gearbeitet und abends dennoch das Gefühl haben, keinen Meter vorangekommen zu sein? Dann fragen Sie sich, was Sie eigentlich den ganzen Tag über gemacht haben. Hier eine Anfrage, da noch eine E-Mail, zwei, drei Telefonate — alles Kleinigkeiten, die jedoch in der Summe bewirken, dass Sie sich aufgrund der Unterbrechungen immer wieder neu in wichtige Aufgabenstellungen, an denen Sie gerade arbeiten, hineindenken müssen und damit wertvolle Zeit verlieren. Der erste Schritt, dem entgegenzuwirken, besteht darin, sich bewusst zu machen, welche Tätigkeiten an einem typischen Arbeitstag anfallen und zu bewältigen sind.

▶ **BEISPIEL: Tätigkeitenauflistung**

Sven Huber ist Projektleiter in der Entwicklung. Er ist zeitlich ziemlich eingespannt und überlegt sich, wie er sich besser organisieren kann. Dazu listet er alle Tätigkeiten des letzten Arbeitstags auf:

Tätigkeit	Zeitbedarf
E-Mails gelesen und bearbeitet	1,5 Stunden
Projektsitzung mit dem Team	2,0 Stunden
Koordination der weiteren Vorgehensweise mit einem Mitglied des Projektteams	0,5 Stunden
Aktualisierung des Projektplans	1,0 Stunden
Zwei Telefonate mit Lieferanten	0,5 Stunden
Budgetantrag Stufe 2 des Projekts	2,0 Stunden
Durchsprache Projektplan mit Teamassistentin	0,5 Stunden
Posteingang sichten	0,5 Stunden

Sven Huber überlegt sich nun, welche Tätigkeiten zielgerichtet waren und worauf er unnötig Zeit verwendet hat.

Übung 17: Entwickeln Sie ein effizientes Zeitmanagement

Machen Sie es Sven Huber nach und listen Sie alle Ihre Tätigkeiten eines Arbeitstags detailliert auf. Am besten machen Sie diese Aufstellung über vier bis fünf Tage, um eine möglichst realistische Aufzeichnung zu erhalten.

- Wo haben Sie Zeitfresser?
- Welche Tätigkeiten hätten sich effizienter bearbeiten lassen?
- Wozu sind Sie nicht gekommen, obwohl es Ihnen wichtig gewesen wäre?
- Was hat Sie daran gehindert, die Ihnen wichtigen Dinge zu erledigen?

Tipp 17: So beurteilen Sie Ihr Zeitmanagement

Haben Sie aus dieser Analyse Rückschlüsse ziehen können? Hilfreich kann dabei sein, die in Anlehnung an Stephen R. Covey in seinem Buch „First things first" empfohlene Dringlichkeits-Wichtigkeits-Analyse zu machen: Der Kern seiner Methodik besteht darin, dass sich unsere Aufgaben nach den Kriterien Dringlichkeit und Wichtigkeit klassifizieren lassen. Dies stellt sich grafisch wie folgt dar:

	nicht dringend	dringend
wichtig	**Feld 2** strategisch und konzeptionell ausgerichtete Tätigkeiten, Organisationsentscheidungen	**Feld 1** Entscheidungen, die kurzfristig getroffen werden müssen, da sonst die Zielerreichung gefährdet ist
nicht wichtig	**Feld 3** Routinearbeiten, Telefonate, allgemeine E-Mails, Tätigkeiten, die gerade mal so anfallen	**Feld 4** spontane Anfragen, Besprechungen, die das Tagesgeschäft betreffen

Abbildung 6: Dringlichkeits-Wichtigkeits-Analyse

Feld 1: In Feld 1 sind die Tätigkeiten, die erste Priorität haben, da sie sowohl wichtig als auch dringlich sind. Sie können zeitlich nicht verschoben werden, da sonst die Erreichung Ihrer Ziele stark gefährdet ist. (Auf das Thema Ziele werden wir im weiteren Verlauf des Buches noch näher eingehen.)

Feld 2: In Feld 2 finden sich Tätigkeiten, die zwar nicht dringlich sind, mittel- und langfristig jedoch eine sehr hohe Bedeutung haben. Alle strategischen Überlegungen und konzeptionellen Aufgaben finden sich hier wieder.

Kennen Sie das auch? Sie sollen eine Ausarbeitung machen, wie Sie in der Zukunft Ihren Bereich neu organisieren wollen, um den veränderten Anforderungen in puncto geringerer Durchlaufzeit gerecht zu werden. Aufgrund der vielen dringlichen Arbeit kommen Sie aber nie dazu, sich diese Gedanken zu machen. Die Ausarbeitung wird wieder auf den Stapel der unerledigten Dinge gelegt, Tag für Tag. „Das muss ja nicht heute sein", so die Entschuldigung. Im Ergebnis heißt dies jedoch, dass diese wichtige Aufgabe immer weiter verschoben und damit gar nicht oder erst dann erledigt wird, wenn Dringlichkeit besteht, sprich der Druck von außen so groß geworden ist, dass Sie sofort handeln müssen. Hier kommt das

Beispiel der beiden Waldarbeiter in den Sinn, die sich mit den Holzsägearbeiten abmühen. Auf die Empfehlung, sie sollten doch mal ihre Säge schleifen, damit ihnen die Arbeit leichter fiele, entgegnen sie nur, dass sie dafür keine Zeit hätten.

Seien Sie sich auch bewusst, dass die Aufgaben in Feld 2 im Hinblick auf Ihr berufliches Weiterkommen eine hohe Relevanz haben. Erfolge bei strategisch wichtigen Themenstellungen lassen sich gut „verkaufen".

Feld 3: In Feld 3 finden sich viele „Zeitfresser", also Tätigkeiten, die weder wichtig sind noch eine hohe Dringlichkeit besitzen. Sie halten uns von wirklich wichtigen Dingen ab. Daher besteht hier ein großes Einsparpotenzial. Einige Fragestellungen dazu sind:

- Wie kann ich Routineabläufe vereinfachen oder standardisieren?
- Wo kann ich Tätigkeiten bündeln, z.B. Telefonate auf eine bestimmte Zeitspanne begrenzen?
- Welche Aufgaben können ganz einfach entfallen?

Feld 4: In Feld 4 sind Tätigkeiten zu finden, die dringlich sind oder uns zumindest als dringlich erscheinen, jedoch im Hinblick auf die Zielerreichung keine große Bedeutung haben.

Diese Tätigkeiten verdrängen sehr häufig wichtige Arbeiten auf der Prioritätenliste nach hinten. Auch hier gilt es, Einsparpotenziale zu erkennen. Wer sich durch dringende, aber eben nicht wirklich wichtige Dinge die Zeit stehlen lässt („Machen Sie mir doch eben mal ganz schnell …"), wird die gesteckten Ziele nur sehr schwer erreichen können.

Pareto-Prinzip

Mit dem Verhältnis zwischen Zeit- und Energieeinsatz und dem damit erreichten Ergebnis hat sich auch der italienische Volkswirtschaftler und Soziologe Vilfredo Pareto bereits im 19. Jahrhundert beschäftigt.

Er stellte zunächst fest, dass 20 % der Bevölkerung 80 % des Vermögens besaßen. Von diesem Sachverhalt ausgehend betrachtete Pareto weitere Zusammenhänge. Bei den meisten Sachverhalten ist diese Verteilung anzutreffen. 20 % des Aufwands tragen zu 80 % zum Ergebnis bei. Oder umgekehrt: Mit 80 % unserer eingesetzten Energie erreichen wir nur 20 % unserer Ziele. Fragen Sie sich daher immer, ob ein zusätzlicher Aufwand durch den damit verbundenen Nutzen gerechtfertigt ist. Dies ist ein zentrales Problem der Perfektionisten, die sich nicht damit anfreunden können, auch mal eine nicht 100-prozentige Lösung mitzutragen.

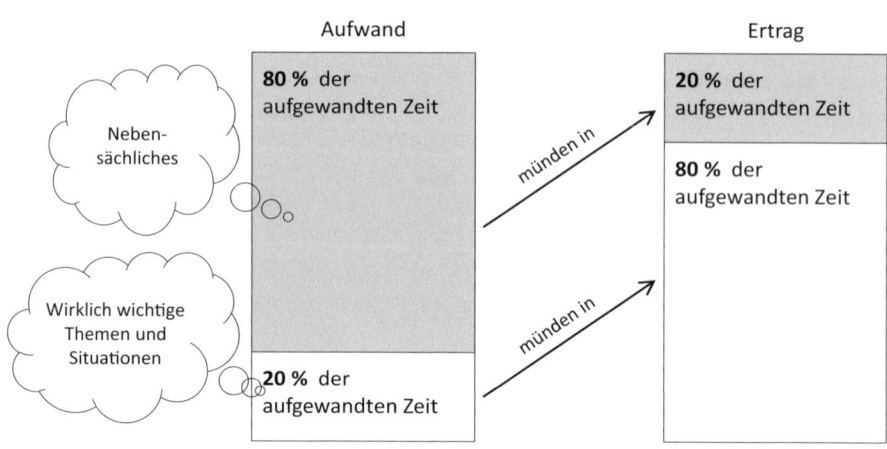

Abbildung 7: Das Pareto-Prinzip

Und noch ein Aspekt zum Thema Zeitmanagement. Verplanen Sie am Tag nicht mehr als 50 % Ihrer Zeit fest. Damit schaffen Sie sich Freiräume für die dringenden und wichtigen Arbeiten, die kurzfristig auftreten und die Sie unbedingt erledigen müssen. Ansonsten laufen Sie Gefahr, dass Sie jeden Tag eine Liste von unerledigten Tätigkeiten mit in den nächsten Tag nehmen und damit nur Frusterlebnisse aufbauen.

Die wichtigsten Tipps zum Thema Zeitmanagement

- Machen Sie abends eine Tagesbilanz der durchgeführten Aktivitäten.
- Belohnen Sie sich für das Erreichen der gesteckten Ziele.
- Planen Sie bereits am Abend den nächsten Tag, indem Sie sich einen Überblick verschaffen und Prioritäten setzen.
- Überfrachten Sie Ihren Tag nicht.
- Legen Sie wichtige Tätigkeiten in die Zeiten, in denen Sie besonders leistungsfähig sind.
- Gönnen Sie sich kleine Pausen, die Ihre Leistungsfähigkeit steigern.
- Schaffen Sie sich „Zeitfresser" vom Hals, z.B. indem Sie das Telefon eine Stunde umleiten, um konzentriert an einem Thema arbeiten zu können.
- Sorgen Sie jeden Tag für einen positiven Start, indem Sie zunächst etwas tun, worauf Sie sich freuen.

Zeitplanungshelfer

Wenn Sie Ihr persönliches Zeitmanagement verbessern möchten, gibt es neben den genannten Tipps eine Reihe von Hilfestellungen, wie Zeitplanungstools, die Ihnen mit Checklisten, elektronischen Remindern und Formularen zu einem besseren Zeitmanagement verhelfen können. Seien Sie sich jedoch bewusst: Jede Methode ist nur so gut, wie sie auch sinnvoll vom jeweiligen Nutzer eingesetzt wird.

2.6.4 Wie organisieren Sie Ihren Arbeitsplatz?

Kennen Sie auch Menschen, deren Schreibtisch immer leer ist, und andere, die prinzipiell „auf der dritten Ebene" arbeiten? Die Art und Weise, wie Sie sich Ihren Arbeitsplatz organisieren, kann Ihnen wichtige Hinweise auf Ihren Arbeitsstil und Ihre Arbeitsmethodik geben.

Übung 18: Organisieren Sie Ihren Arbeitsplatz sinnvoll

Denken Sie bitte über die Fragen auf den folgenden Seiten nach:

- **Sieht Ihr Arbeitsplatz einladend aus, wenn Sie ihn morgens betreten?**
  Ist er sauber?
  Stehen keine gebrauchten Kaffeetassen oder volle Aschenbecher auf dem Tisch?
  Ist der Tisch aufgeräumt?
  Haben Sie Bilder an der Wand oder etwas Persönliches auf dem Tisch, über das Sie sich freuen?
  Ist der Lichteinfall günstig für die Arbeit am PC?
- **Wie arbeiten Sie über den Tag?**
  Haben Sie immer nur den aktuellen Vorgang, den Sie gerade bearbeiten, auf dem Tisch oder verteilen Sie alle Vorgänge darauf?
  Haben Sie einen Plan und eine Prioritätenliste, was Sie wann erledigen?
  Versuchen Sie, Arbeiten komplett abzuschließen und den Vorgang dann auch abzulegen, oder behalten Sie Vorgänge lieber „griffbereit" in der Nähe, auch wenn aktuell nichts daran zu tun ist?
  Packen Sie abends alle Unterlagen weg oder lassen Sie sie auf dem Schreibtisch?
- **Haben Sie eine strukturierte Ablage?**
  Mit welchen Ablagesystemen arbeiten Sie? (Ordner, Hängeregistraturen ...)
  Wie bewahren Sie Ihre Unterlagen auf?
  Haben Sie eine bestimmte Ablagesystematik? (Nach Kunden, Regionen, Produkten, Jahren)
  Halten Sie die vorgesehene Ablagesystematik konsequent ein?

Finden Sie Vorgänge und Unterlagen auf Anhieb oder ist dies häufig mit Suchen verbunden?

Sortieren Sie Unterlagen regelmäßig aus?

- **Was befindet sich auf und in Ihrem Schreibtisch?**
Haben Sie Gebrauchsgegenstände, die Sie häufig benutzen, griffbereit?
Benutzen Sie den Schreibtisch auch als Ablage für erledigte Vorgänge?
Sind die Gebrauchsgegenstände ergonomisch angeordnet?
Dient Ihr Schreibtisch auch als Lagerplatz für Dinge, die nichts mit Ihrer Arbeit zu tun haben?

- **Wie nutzen Sie Ihren Computer?**
Haben Sie ein strukturiertes Ablagesystem für Dokumente in Ihrem PC?
Löschen Sie regelmäßig alte Datenbestände?
Sind Ihre Adress- und E-Mail-Daten auf dem aktuellen Stand?
Sichern Sie Ihre Daten regelmäßig?

Tipp 18: So organisieren Sie Ihren Arbeitsplatz sinnvoll

Wie sind Sie mit Ihren Antworten zufrieden? Gibt es Dinge, die Sie gerne ändern würden, weil Sie das Gefühl haben, dass Sie in Ihrem Arbeitsfluss behindert werden?

In welcher Umgebung fühlen Sie sich wohl?

Eine Redewendung besagt: So, wie es auf deinem Schreibtisch aussieht, sieht es auch in deinem Kopf aus. Dabei gibt es keine allgemein verbindliche Vorgabe für eine optimale Arbeitsplatzorganisation. Dem kreativen Genie, das nur im scheinbaren Chaos wirklich gut arbeiten kann, nähme eine klinisch reine Arbeitsumgebung jegliche Inspiration. Wichtig ist nur, dass Sie sich mit Ihrer Arbeitsform wohl fühlen und sie als förderlich empfinden.

Standards der Arbeitsumgebung

Ferner spielt mit hinein, ob es einen bestimmten „Standard" in Ihrer Arbeitsumgebung, sprich bei den Kollegen gibt. Es kann das Zusammenleben und Zusammenarbeiten sehr erschweren, wenn Ihr Arbeitsstil und Ihre Vorstellung einer guten Arbeitsplatzorganisation stark von dem abweicht, was Ihre Kollegen oder ihr Chef darunter verstehen. Wenn Sie also die Fragen nochmals durchgehen, überlegen Sie sich im Einzelnen, ob Sie den jetzigen Zustand gerne beibehalten möchten oder eine Veränderung anstreben.

▶ **BEISPIEL: Jürgen Mack plant eine Veränderung**

Jürgen Mack, Vertriebsmitarbeiter in einem Dienstleistungsunternehmen arbeitet von seinem Home Office aus. Nachdem er die Einstiegsfragen für sich beantwortet hat, stellt er fest, dass er mit zahlreichen Antworten nicht zufrieden ist und seinen Arbeitsplatz gerne anders organisiert hätte. Hierzu beschreibt er zunächst seinen Wunschzustand und macht sich einen Plan, wie er diesen Wunschzustand erreichen wird.

Wunschzustand	Maßnahmen
Auf meinem Schreibtisch sollen nur notwendige Arbeitsmittel stehen, damit ich viel freien Platz zum Arbeiten habe.	Ich werde jeden Tag eine halbe Stunde lang alte Vorgänge, die auf dem Schreibtisch liegen, abarbeiten und ablegen.
Meine Aktenordner sollen nicht mehr überfüllt sein, weil ich sonst schon keine Lust mehr habe, etwas hineinzutun.	Wenn die Ordner zu 75 % voll sind, sortiere ich zunächst alte Vorgänge aus, die weggeworfen werden können, dann lege ich ggf. einen neuen Ordner an.
Der Schreibtisch soll mit dem Rücken zur Wand stehen, damit ich an der Tür sehen kann, wenn jemand hereinkommt.	Ich drehe den Schreibtisch um 120 Grad und so, dass ich den Lichteinfall von der Seite habe.
Ich möchte morgens, wenn ich ins Büro komme, eine positive Motivation spüren.	Ich stelle mir eine schöne Pflanze ins Büro und hänge mir meine Urkunde „Verkäufer des Jahres" an die Wand.
Auf meinem PC möchte ich Kundendaten schnell und einfach finden.	Ich strukturiere die Kundendaten im CRM System nach Kategorien
Ich möchte Termine, die ich bei Kunden unterwegs vereinbart habe, auch in meinem PC verfügbar haben.	Ich synchronisiere mein Smartphone mit dem PC
Aktuelle Unterlagen zu Kundenprojekten möchte ich griffbereit haben.	Ich lege diese Vorgänge in einer Projektmappe ab. Wenn das Projekt abgeschlossen ist, wandert der Vorgang von der Mappe in die Ablage.

Überlegen Sie sich, wie Ihr Wunschzustand aussehen würde. Beschreiben Sie die Maßnahmen, wie Sie diesen erreichen werden. Machen Sie überschaubare, kleine Schritte. Gute Tipps zum Thema „Ordnung und Organisation" liefert auch das Buch „Simplify your life" von Werner Küstenmacher und Lothar Seiwert.

Übung 19: Strukturieren Sie Ihre Gedanken

Sie sollen über ein Thema, mit dem Sie sich bisher nur am Rande beschäftigt haben, eine Ausarbeitung machen. Sie haben zwei Wochen Zeit, um die Zusammenhänge zu analysieren und die Ausarbeitung vorzubereiten. Beschreiben Sie detailliert die Schritte, wie Sie vorgehen.

Tipp 19: So strukturieren Sie Ihre Gedanken

Die Art und Weise, wie Menschen Ihre Gedanken und Ideen strukturieren, ist sehr vielfältig. Sie hängt zum einen vom Denkansatz ab. Gehen Sie lieber deduktiv vor, d.h., Sie beginnen beim Allgemeinen und arbeiten sich Schritt für Schritt zum Speziellen? Oder liegt Ihnen mehr der induktive Weg, bei dem Sie mit einem speziellen Aspekt beginnen und dann daraus die weiteren Zusammenhänge ableiten? Einfluss auf die Methodik haben auch der fachliche Hintergrund und die zu bearbeitenden Themenstellungen.

Flussdiagramme: Naturwissenschaftler und Ingenieure erarbeiten sich Themen und Zusammenhänge häufig mittels Ablaufplänen. Ein gutes Beispiel hierfür sind Flussdiagramme, die sich in Prozessketten oder Softwareprogrammabläufen wieder finden.

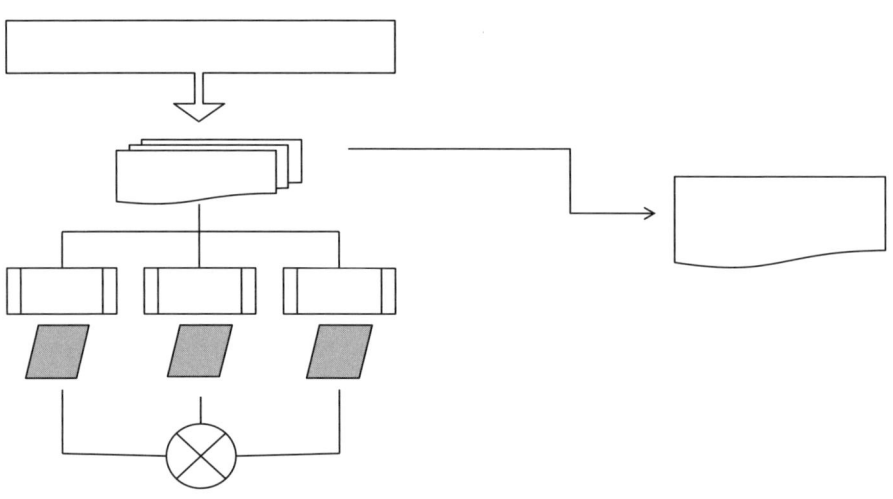

Abbildung 8: Flussdiagramm

Netzpläne: Logistiker lieben Netzpläne, die auch im Projektmanagement sehr häufig zum Einsatz kommen. Dabei wird der so genannte „kritische Pfad" beschrieben, der anzeigt, in welchen Prozessen keine Pufferzeiten vorhanden sind. Dies bedeutet, dass jede Verzögerung in diesem Ablauf automatisch zu einer Verzögerung des Gesamtprojekts führt. Im nachfolgenden Beispiel ist dies die Abfolge der Vorgänge 1–3–4–5, während Vorgang 2 einen Puffer von zwei Einheiten hat.

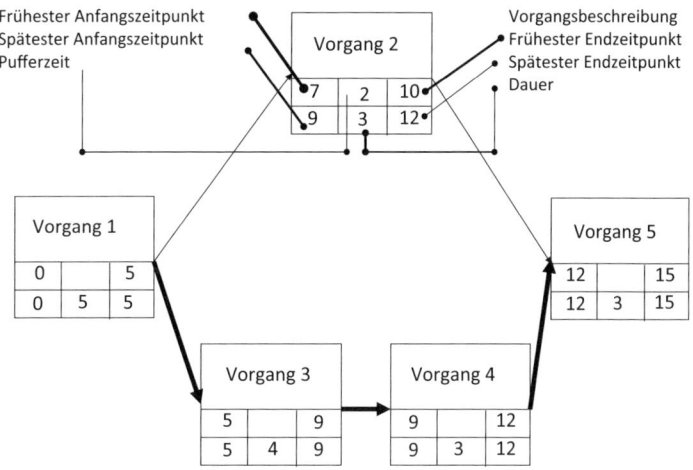

Abbildung 9: Netzplan

SWOT-Analyse: Berater benutzen gerne grafische Tools wie die SWOT-Analyse. Mit ihrer Hilfe können Themen und Handlungsalternativen sehr schön aufbereitet und bewertet werden. Ziel dabei ist es, dem Kunden die

S für Strenghts (Stärken),
W für Weaknesses (Schwächen),
O für Opportunities (Chancen) sowie
T für Threats (Risiken)

aufzuzeigen, um eine gute Entscheidungsgrundlage zu erhalten.

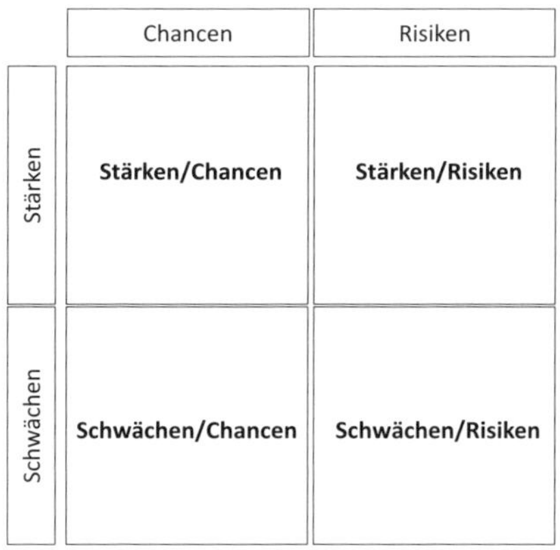

	Chancen	Risiken
Stärken	**Stärken/Chancen**	**Stärken/Risiken**
Schwächen	**Schwächen/Chancen**	**Schwächen/Risiken**

Abbildung 10: SWOT-Analyse

Mindmap: Eine weitere Möglichkeit, Zusammenhänge darzustellen und Gedanken zu strukturieren, ist die Mindmap-Technik. Hier verzweigen sich wie bei einem Baum die Hauptthemen in untergeordnete Gesichtspunkte und Teilaspekte.

Abbildung 11: Mindmap

Verbale Beschreibung: Geisteswissenschaftler beschreiben Vorgänge dagegen bevorzugt verbal, d.h., nicht über eine grafische Darstellung, sondern ausschließlich mittels Text.

Reflektion: Wie sind Sie bei dieser Übung vorgegangen?

Fühlen Sie sich von einer der dargestellten Vorgehensweisen besonders angesprochen? Waren die beschriebenen Techniken für Sie neu? Oder hatten Sie sie bereits in Ihrer Methoden-Toolbox?

Überlegen Sie auch, wie Sie sich in der Vergangenheit Themen erarbeitet und strukturiert haben. Hausarbeiten, Diplom- oder Bachelorarbeiten können hier wichtige Anhaltspunkte geben. Entdecken Sie dabei ein bestimmtes Handlungsmuster, nach dem Sie immer wieder verfahren? Schreiben Sie die verschiedenen Methoden und Arbeitstechniken, die Sie beherrschen, auf und belegen Sie sie, indem Sie jeweils ein Beispiel nennen, bei dem Sie sie eingesetzt haben. (Die Tabelle steht für Sie im Arbeitshilfen-online-Bereich zum Download zur Verfügung.)

Methode/Arbeitstechnik	Beispiel für den erfolgreichen Einsatz

2.6.5 Welche Methoden setzen Sie bei der Arbeit mit Gruppen ein?

Wer mit Gruppen arbeitet, sei es als Führungskraft, Trainer oder Moderator benötigt bestimmter Methoden, wie er mit diesen Gruppen arbeitet.

▶ **BEISPIEL: Stefanie Lorenz überlegt sich ein Konzept**

Stefanie Lorenz ist Personalreferentin im Bereich Personalentwicklung und Weiterbildung. In einem Fachbereich gibt es Probleme, da zwei Abteilungen zusammengelegt wurden und bei den Mitarbeitern viele offene Fragen bestehen und noch keine Identifikation mit dem neuen Bereich stattgefunden hat. Viele der Betroffenen kennen sich noch gar nicht. Stefanie Lorenz wird vom Abteilungsleiter gebeten, einen Workshop zu moderieren, der den Teambildungsprozess fördern soll. Ferner geht es darum, gemeinsam mit den Mitarbeitern neue Prozessstrukturen zu erarbeiten. Stefanie Lorenz überlegt sich ein Konzept für die Gestaltung des Workshops.

Übung 20: Arbeiten Sie professionell mit Gruppen

Wie würden Sie an der Stelle von Stefanie Lorenz den Workshop gestalten? Welche Methoden sollte sie Ihrer Meinung nach einsetzen?

Tipp 20: So arbeiten Sie professionell mit Gruppen

Im Vorfeld der Veranstaltung sollten Sie sich mit den unterschiedlichen Erwartungen der Workshop-Teilnehmer beschäftigen. Kurze Gespräche mit einzelnen Personen wären dazu sinnvoll.

Flipchart: Zu Beginn der Veranstaltung sollten Sie zunächst die Zielsetzung und die Erwartungen besprechen. Diese Informationen können Sie auf einem Flip-Chart aufschreiben und an den Wänden aufhängen,damit sie den ganzen Tag sichtbar sind.

Gegenseitiges Kennenlernen: Ein zentrales Element der Veranstaltung sollte das gegenseitige Kennenlernen sein. Kleine Übungen, bei denen sich die Teilnehmer vorstellen, können eine positive Grundstimmung schaffen.

Gruppenarbeit: Im Hinblick auf die Erarbeitung der Prozessstrukturen bietet sich der Einsatz einer Gruppenarbeit an. Dabei können die einzelnen Kleingruppen jeweils einen Aspekt näher beleuchten und ihre Ergebnisse dann im Plenum vorstellen, wo diese diskutiert werden. Eine abschließende Gesprächsrunde, in der die wichtigsten Ergebnisse und Erkenntnisse zusammengefasst und Vereinbarungen bezüglich der weiteren Vorgehensweise getroffen werden, sollte die Veranstaltung beenden.

Metaplantechnik: Um für die Arbeit mit Gruppen gut gerüstet zu sein, sollten Sie auf jeden Fall die gängigen Moderations- und Diskussionstechniken beherrschen. Für die Moderation von Workshops hat sich insbesondere die Metaplantechnik sehr bewährt.

- Zur Erarbeitung einer Themenstellung werden die Teilnehmer gebeten, ihre inhaltlichen Beiträge jeweils in Form von Stichpunkten auf so genannte Moderationskarten zu schreiben. Diese werden an Metaplanwänden (Pinnwänden) angebracht. Damit stehen die einzelnen Beiträge allen sichtbar zur Verfügung.
- Im zweiten Schritt werden die einzelnen Beiträge nach Themen sortiert. Das wird in der Fachsprache „Clustern" genannt. Auf dieser Grundlage können Themenschwerpunkte erkannt und weiterbearbeitet werden.

Die Metaplantechnik lässt sich auch sehr gut zur Visualisierung der Zielerreichung benutzen.

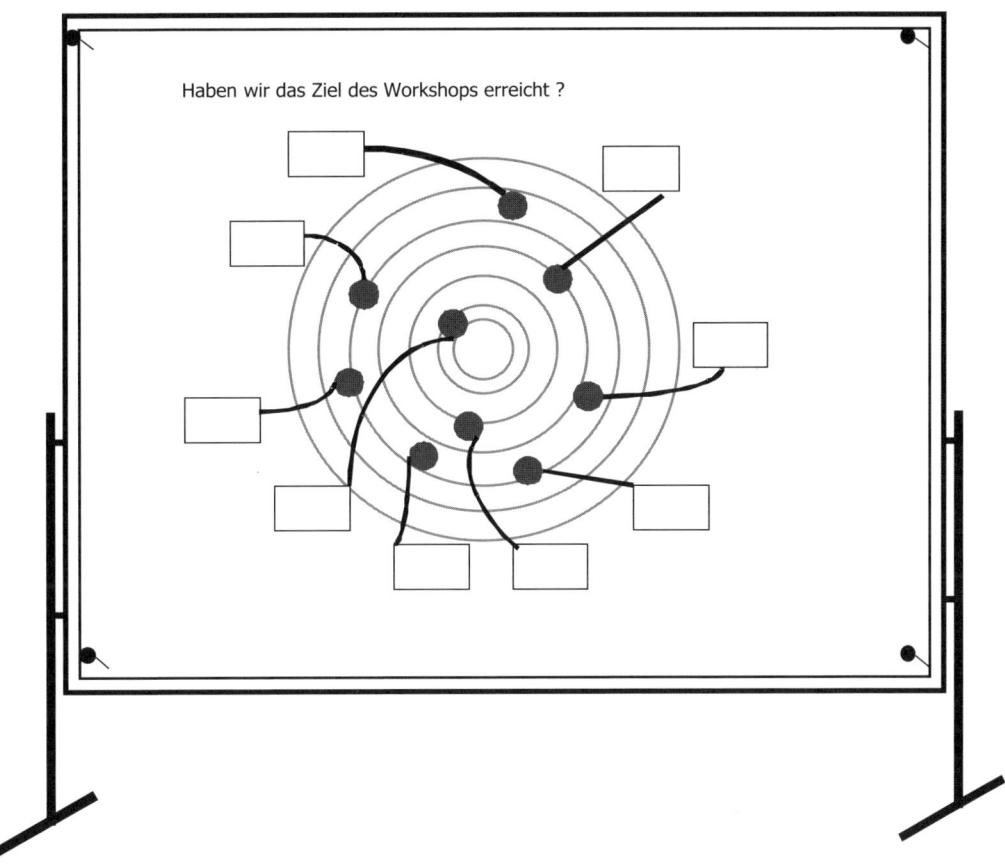

Abbildung 12: Metaplantechnik

Beschreiben Sie auch hier zum Abschluss alle Methoden und Arbeitstechniken, die Sie in diesem Zusammenhang beherrschen.

Methode/Arbeitstechnik	Beispiel für den erfolgreichen Einsatz

2.6.6   Wie gut können Sie Inhalte zusammenfassen?

Übung 21: Bringen Sie Inhalte auf den Punkt

Lesen Sie den nachfolgenden Text durch und versuchen Sie, die wesentlichen Inhalte herauszuarbeiten und in vier Sätzen zusammenzufassen.

Karriere — was ist das?

Viel wird über Karriere geredet. „Der hat aber eine tolle Karriere gemacht!" In dieser Aussage schwingt Bewunderung und Hochachtung mit. Wer Karriere macht, hat den Status eines Geschäftsführers, Vorstands oder mindestens Direktors möglichst schnell und bereits in jungen Jahren erreicht. Er besitzt nach außen sichtbare Macht, Einfluss und Ansehen. Aber der Karrierebegriff ist durchaus auch negativ belastet. „So muss man wohl sein, wenn man Karriere machen will!" hört man nicht selten, eher verachtend und missgünstig, verlauten. Insbesondere im deutschen Sprachgebrauch ist Karriere häufig mit Begriffen wie Ellenbogenmentalität, Strebertum auf Kosten anderer oder schnellem, oft rücksichtslosem Erklimmen einer hierarchischen Leiter, die an Statussymbole gekoppelt ist, verbunden. Auch Hochschulabsolventen und Young Professionals, der Generation Y stehen dem Begriff Karriere oft ambivalent gegenüber. Sie haben keine klare Vorstellung davon, was Karriere nun wirklich ist und wie sie diesen Begriff in Bezug auf ihre eigene weitere berufliche Ausrichtung mit Inhalten füllen sollen.

Was verbirgt sich also hinter diesem viel gelobten und gescholtenen Reizwort? Wenn wir einen Blick in die Sprachgeschichte des Karrierebegriffs werfen, finden wir dort einen häufigen Gebrauch des Wortes, der mit Geschwindigkeit und Aggressivität einhergeht. So war schon im Frankreich des 18. Jahrhunderts der Begriff carrière die Bezeichnung für eine Pferderennbahn. Auch heute noch wird die schnellste Gangart eines Pferdes mit carrière bezeichnet. Eine geradezu militärische Karriere machte der Begriff im 19. Jahrhundert in Deutschland. Dort wurden die Reiterattacken der Kavalleristen mit Karriere bezeichnet. Also keine allzu fruchtbare Basis, um dem Karrierebegriff etwas Positives abgewinnen zu können. Aber der Begriff findet sich glücklicherweise auch in einem anderen Kontext wieder, der eher als humanistisch bezeichnet werden kann.

Das portugiesische carreira für Straße oder Weg gibt hier die entsprechende Richtung an. Und auch die Amerikaner verwenden den Begriff career ganzheitlich im Sinne der individuellen beruflichen und persönlichen Laufbahn.

Karriere bedeutet für uns, sich zunächst mit seinen persönlichen Fähigkeiten und Neigungen zu beschäftigen und sich diese bewusst zu machen. Danach gilt es,

Ziele zu definieren und schließlich unter Berücksichtigung sich verändernder Rahmenbedingungen und neuer Anforderungen seinen individuellen, eigenen Weg zu finden. Hier setzt auch die Aufgabe des Karriereberaters an. Er hilft seinen Kunden, ihre Fähigkeiten und Kenntnisse klarer zu erkennen und Entwicklungsperspektiven aufzuzeigen. Schließlich besteht die professionelle Hilfe auch darin, entsprechende Tools bereitzustellen, um die gesteckten Ziele auch erreichen zu können.

Uns ist es ein Anliegen, dazu zu ermuntern, sich nicht darauf zu beschränken, sich an alten, häufig längst überholten Karrieremustern wie der Kaminkarriere zu orientieren oder sich diese aufzwingen zu lassen. Das Verharren in einer einmal eingeschlagenen Richtung nach dem Sprichwort: „Schuster, bleib bei deinen Leisten", hat schon so manchen davon abgehalten, für sich neue Horizonte zu entdecken. Der Wunsch des Einzelnen, sich zu verwirklichen, seine Fähigkeiten und Begabungen zu nutzen und nicht zuletzt auch eine höhere Vereinbarkeit der beruflichen und persönlichen Lebensplanung zu erreichen, wird jedoch immer deutlicher artikuliert.

Auch volkswirtschaftlich gesehen ist es sinnvoll, Menschen das tun zu lassen, wo sie ihre Stärken am besten einsetzen können und einen hohen Zufriedenheitsgrad mit der persönlichen Lebenssituation erreichen. So gesehen gibt es nicht mehr eine allgemein fest definierte Karriere, sondern individuelle Karrieren, orientiert an den Wünschen und Bedürfnissen des Einzelnen und den gesamtwirtschaftlichen Möglichkeiten und Anforderungen.

Globalisierung und Wandel bergen in diesem Prozess nicht nur Gefahren in sich, sondern auch ungeahnte Chancen. Wäre es vor 20 Jahren denkbar gewesen, dass eine hoch qualifizierte junge Frau und Mutter mit drei Kindern den überwiegenden Teil ihrer Arbeit als Prozessverantwortliche von zu Hause aus erledigen kann? Neue, flexible, bunte und an den individuellen Bedürfnissen ausgerichtete Karrieremuster entstehen. Eine einmal getroffene Entscheidung ist nicht unwiderruflich; Wechsel und Neuorientierungen sind möglich, häufig sogar notwendig. Jahre der Festanstellung, freiberufliche Tätigkeiten oder projektbezogene Arbeiten können sich dabei abwechseln. Ich kenne viele gut qualifizierte Menschen, die aufgrund von Restrukturierungen, Mergern oder Insolvenzen plötzlich ihren Job verloren. Der so sicher geglaubte weitere Weg wurde plötzlich abgeschnitten und sie standen vor dem Nichts. Aus dieser ungewollten Situation heraus waren sie gezwungen, neue Wege zu erforschen, über berufliche Alternativen nachzudenken und Neuland zu betreten. Freiwillig hätten sie diesen Schritt nie getan, unter dem Druck der Arbeitslosigkeit entwickelten sie jedoch neue Ideen und ließen sich auf vermeintliche Risiken ein. Schließlich war das Risiko ja begrenzt: Als Alternative gab es nur die Arbeitslosigkeit. Für viele entwickelte sich dieser Neubeginn nach einer persönlichen Krise zu einer echten Chance.

Und noch einen Aspekt des Karrierebegriffs möchte ich gerne ansprechen: die innere Karriere. Karriere kann sich für einen Menschen auch sehr leise und für andere kaum wahrnehmbar vollziehen. Hier steht das persönliche Wachsen, das Ausschöpfen der eigenen Potenziale und Möglichkeiten im Mittelpunkt. Ziel ist es dabei, seinen Platz im Leben zu finden und persönlich zu reifen. Hierzu ist aber auch Toleranz in unserer Gesellschaft notwendig. Die Entscheidung für eine Karriere als Hausfrau/-mann und Mutter/Vater sollte dabei genauso akzeptiert und mit Wertschätzung belegt werden wie die Wahl einer Karriere als Manager in der Wirtschaft. Entscheidend ist, dass die Entwicklung für den Einzelnen als persönlicher Gewinn gesehen wird. Wie sang schon Frank Sinatra: „I did it my way."

Tipp 21: So bringen Sie Inhalte auf den Punkt

Wie lange haben Sie für diese Übung gebraucht? Weniger als zehn Minuten? Dann sind Sie schon recht gut organisiert. Welche Vorgehensweise haben Sie gewählt? Sind Sie den Text zunächst einmal durchgegangen und haben sich dann in einem zweiten Durchgang Stichpunkte gemacht? Oder haben Sie mit einem Textmarker beim Durchlesen bereits die wesentlichen Passagen gekennzeichnet? Ist es Ihnen gelungen, die wesentlichen Inhalte des Textes in vier Sätzen zusammenzufassen?

Die Zusammenfassung könnte beispielsweise so lauten:
„Der Karrierebegriff wird in unserer Gesellschaft sehr unterschiedlich definiert und gesehen. Für den Autor bedeutet Karriere das Finden des eigenen Weges auf der Grundlage einer soliden Analyse der eigenen Fähigkeiten, Neigungen und Ziele unter Berücksichtigung der gegebenen Rahmenbedingungen und Möglichkeiten. Karriereberater können dabei helfen, diesen individuellen Weg zu finden, der sich nicht mehr auf eingefahrene Karrierepfade beschränken muss. Aufgrund der sich schnell verändernden Rahmenbedingungen ist es sogar notwendig, dass mit mehr Flexibilität neue Karrieremuster entstehen und Menschen bereit sind, diese Wege zu gehen, damit aus Krisen wie der Arbeitslosigkeit auch neue Chancen entstehen."

Die Fähigkeit, Sachverhalte schnell zu erfassen und auf den Punkt zu bringen, können Sie sehr gut üben. Versuchen beim Lesen von Artikeln in Zeitungen oder Büchern immer wieder, solche kurzen Zusammenfassungen zu machen. Sie werden auch die Lektüre von Fachliteratur wesentlich effizienter gestalten und einen höheren Erkenntnisgewinn erzielen, wenn Sie jeden Abschnitt kurz zusammenfassen. Diese Kernaussagen ergeben in der Summe einen guten Überblick über die Inhalte des Beitrags.

> **!** **Zusammenfassung: Das sollten Sie in diesem Kapitel erreicht haben**
>
> Nach der Bearbeitung dieses Kapitels haben Sie einen Überblick über den In-halt Ihrer methodischen Werkzeugkiste. Ihnen ist bewusst geworden, dass gerade Ihre Methodenkompetenz die Grundlage für berufliche Flexibilität dar-stellt, da Sie sich über diese Kompetenz neue inhaltliche Arbeitsgebiete und Branchen erschließen können. Sie haben sich mit Ihrem Arbeitsstil beschäftigt und erkannt, mit welchen „Zeitfressern" Sie jeden Tag zu kämpfen haben und wie Sie sich hier besser organisieren können. Sie haben durch entsprechende Beispiele Anregungen erhalten, wie Sie Ihre Gedanken besser strukturieren können und wie wichtig es ist, Inhalte auf den Punkt bringen.

2.7 Wie viel Medienkompetenz besitzen Sie?

Um hier gleich falschen Erwartungen vorzubeugen: In diesem Kapitel geht es nicht in erster Linie darum, Sie auf den professionellen Auftritt vor einer Kamera vorzube-reiten (aber auch das soll am Ende des Kapitels noch kurz angesprochen werden).

Medienkompetenz ist hier wesentlich weiter gefasst. Sie beschreibt die Fähigkeit, mit den uns zur Verfügung stehenden Medien effizient umzugehen und diese ziel-gerichtet einzusetzen.

Medien helfen uns, Informationen auszutauschen. Daher hat Medienkompetenz auch sehr viel mit Kommunikationsprozessen und deren Gestaltung zu tun. Diese Fähigkeit gewinnt immer mehr an Bedeutung. Wie heißt es so schön: Nicht die Großen fressen die Kleinen, sondern die Schnellen fressen die Langsamen. In der Zukunft wird der die Nase vorne haben, dem es gelingt, die entscheidungsrelevan-ten Informationen schnell und kostengünstig zu erhalten und seine Informationen schnell und kostengünstig an seine Zielgruppe zu bringen. Deshalb wollen wir uns in diesem Kapitel damit beschäftigen, wie gut Sie für diese Herausforderungen gerüstet sind.

2.7.1 Welche Medien nutzen Sie bevorzugt zur Informationsgewinnung?

Im Grunde stellt sich der Prozess der Informationsgewinnung recht einfach dar: Es gibt eine Informationsquelle, einen Informationsempfänger und eine Information, die mittels eines Mediums transportiert wird.

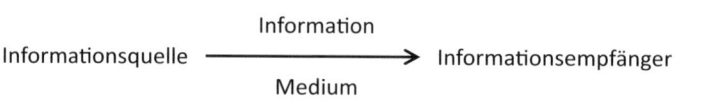

Abbildung 13: Einfaches Modell der Informationsgewinnung

Es gibt eine Vielzahl von Möglichkeiten, wie Sie sich Informationen beschaffen können.

- Sie können auf schriftlichem Wege mittels eines Briefes Informationen anfordern.
- Sie können das aber auch mittels elektronischer Medien wie E-Mail, SMS tun oder das Internet zur Recherche nutzen.
- Sie können Newsletter oder Web-Feeds abonnieren oder sich z. B bei Twitter als Follower gezielt Informationen zusenden lassen.
- Sie können das Telefon, Videokonferenzen oder das Medium Fernsehen nutzen.
- Und Sie können natürlich auch die direkte persönliche Kommunikation mittels Sprache, Gestik und Mimik einsetzen.

Die verschiedenen Medien und Kommunikationsformen eignen sich unterschiedlich gut für die Beschaffung von Informationen.

Soll es schnell gehen, sind sicherlich elektronische Medien die bessere Wahl. Legen Sie Wert darauf, die Informationen in einer besonders ansprechend aufbereiteten Form zu erhalten, beispielsweise in einem hübschen Gedichtband, so werden Sie die klassischen Printmedien bevorzugen.

Letztendlich hängt die Wahl des Mediums aber auch von Ihrer persönlichen Präferenz ab, mit welchem Medium Sie besonders gut umgehen können.

Jeder Kommunikationsprozess birgt die Gefahr in sich, dass es zu Kommunikationsstörungen kommen kann. Dies ist dann der Fall, wenn beim Informationsempfänger etwas anderes ankommt, als der Lieferant der Information gemeint hat.

Denken Sie nur an Bauanleitungen für Selbstbaumöbel, die für viele „Heimwerker" nicht nachvollziehbar sind, Beipackzettel von Medikamenten oder die Anleitung Ihres Finanzamtes zum Ausfüllen der Steuererklärung.

Es kann Probleme im technischen Bereich geben, dass beispielsweise eine Leitung defekt ist oder dass ganz bewusst Störungen herbeigeführt werden, wie durch Hacker oder Versender von Computerviren. Häufig trägt die verkürzte Darstellung von Informationen in Tweeds und SMS zu einer inhaltlichen Reduzierung bei und birgt damit das Risiko der Verfälschung eines Sachverhalts. Eine große Gefahr liegt nicht zuletzt darin, dass Informationen im Internet häufig nur schwer bewertbar sind. So beklagen Lehrer bisweilen, dass Schüler unkritisch Informationen aus dem Internet für bare Münze nehmen und ungeprüft übernehmen.

Auch in der persönlichen Kommunikation gibt es viele Gefahrenquellen, die dazu führen können, dass der Empfänger eine Information völlig anders aufnimmt, als dies der Lieferant beabsichtigt hat. Denken Sie nur an die klassischen Missverständnisse zwischen Männern und Frauen, Technikern und Kaufleuten oder Menschen unterschiedlicher Kulturen.

Also, ganz so einfach, wie sich der Prozess der Informationsgewinnung anfangs dargestellt hat, ist es nun doch nicht. Es gehört eine Menge Medienkompetenz dazu, um die gewünschten Informationen schnell, möglichst fehlerfrei und in der gewünschten Form zu erhalten.

Übung 22: Nutzen Sie Medien

Nachfolgend finden Sie eine Reihe von Situationen. Kreuzen Sie jeweils an oder schreiben Sie auf, wie Sie sich die benötigten Informationen beschaffen würden.

Situation 1: Sie arbeiten in der Buchhaltung eines mittelständischen Unternehmens. Ihnen fehlt ein Buchungsbeleg aus dem Bereich Einkauf/ Logistik, der sich ebenfalls in Ihrem Bürogebäude befindet. Wie gehen Sie vor?

a) Ich rufe im Bereich an und bitte um Zusendung des Belegs.
b) Ich sende eine E-Mail.
c) Ich gehe kurz bei dem Bereich vorbei.
d) Ich schicke einen Brief und fordere den Beleg schriftlich an.
e) Ich gehe anders vor: ....

Die große Qualifikationsanalyse: Wer sind Sie und was können Sie?

Situation 2: Sie wollen sich einen neuen Fernseher kaufen. Wie gehen Sie vor?

a) Ich gehe zum Händler um die Ecke, den ich kenne, lasse mich beraten und kaufe dort.
b) Ich telefoniere mit mehreren großen Anbietern und lasse mir die Preise nennen. Ich kaufe dort, wo es am billigsten ist.
c) Ich gehe über eine Preisagentur im Internet und lasse mir das günstigste Angebot suchen oder suche selbst in Vergleichsportalen.
d) Ich schaue mir die Werbeprospekte an, die ich im Briefkasten finde und kaufe bei dem Händler, der das günstigste Angebot hat.
e) Ich gehe anders vor: ....

Situation 3: Sie wollen sich beruflich verändern und suchen eine neue Stelle. Wie gehen Sie vor?

a) Ich kaufe mir die Samstagsausgabe der Zeitung und bewerbe mich auf die ausgeschriebenen Stellen.
b) Ich nutze Internet-Jobbörsen und bewerbe mich auch auf dort ausgeschriebene Stellen.
c) Ich recherchiere Unternehmen, die für mich interessant sind, und rufe initiativ dort zunächst an, um herausfinden, ob Interesse an meiner Qualifikation besteht.
d) Ich nutze Social Media und soziale Netzwerke wie Xing oder LinkedIn, um mit Unternehmen in Kontakt zu kommen.
e) Ich gehe anders vor: ....

Situation 4: Sie sollen eine Marktanalyse über die Wettbewerberprodukte machen. Wie gehen Sie vor?

a) Ich schalte ein Marktforschungsinstitut ein, das diese Erhebung in meinem Auftrag durchführt.
b) Ich besorge mir Wettbewerberprodukte im Handel und untersuche sie im Hinblick auf Qualität, Preis und Nutzen.
c) Ich recherchiere über Datenbanken und das Internet, ob es bereits eine aktuelle Untersuchung in diesem Bereich gibt.
d) Ich befrage Händler zu den Produkten.
e) Ich gehe anders vor: ....

Situation 5: Sie sind neu in eine Stadt gezogen und suchen einen Zahnarzt. Wie gehen Sie vor?

a) Ich schaue im Branchenbuch nach und gehe zu dem Zahnarzt, der am nächsten ist.
b) Ich frage Nachbarn oder Kollegen, wen sie mir empfehlen können.
c) Ich gehe vorab zu verschiedenen Zahnärzten und verschaffe mir einen persönlichen Eindruck, bevor ich mich für einen entscheide.
d) Ich gehe auf Bewertungsportale für Ärzte und schaue mir die Einträge an.
e) Ich gehe anders vor: ....

Tipp 22: So nutzen Sie Medien

Für die meisten Situationen gibt es keine richtige oder falsche Vorgehensweise. Es hängt sehr stark von der persönlichen Präferenz, aber auch von den jeweiligen Gegebenheiten ab, was sinnvoll oder effizient ist.

Situation 1: Wenn Sie mit dem Bereich Einkauf schon schlechte Erfahrungen gemacht haben und wissen, dass die Mitarbeiter auf E-Mails gar nicht reagieren, werden Sie dort vielleicht eher kurz vorbeischauen, um schnell an den benötigten Beleg zu kommen. Vielleicht ist es auch eine willkommene Gelegenheit, die Mitarbeiter aus diesem Bereich besuchen zu können?

Situation 2: Auch in Situation 2 hängt die sinnvolle Medienwahl von den Rahmenbedingungen ab. Wenn z.B. Ihre 80-jährige Mutter, die 300 Kilometer entfernt wohnt, einen neuen Fernseher möchte, wird es durchaus sinnvoll sein, das Gerät beim Händler um die Ecke zu kaufen. Denn nur er wird das Gerät anliefern, es einstellen, ihr die Bedienung erklären und das Altgerät mitnehmen. Außerdem wird er bei Problemen mit dem Gerät vorbeikommen und ggf. ein Ersatzgerät stellen. Auch wenn die Beschaffung über diesen Weg sicherlich teurer ist als über einen Internetanbieter, wird sich der Mehrpreis in diesem Fall lohnen.

Situation 3: In Situation 3 hängt die Wahl des Mediums auch davon ab, in welcher Branche Sie sich bewerben, welche Qualifikation Sie haben und wie gut Ihre bestehenden Kontakte sind.

Situation 4: In Situation 4 wird Ihr Budget einen starken Einfluss auf Ihr Vorgehen haben. Die Einschaltung eines Marktforschungsinstituts ist mit recht hohen Kosten verbunden und setzt auch einen gewissen zeitlichen Rahmen voraus, der gegeben sein muss.

Situation 5: Ihr Verhalten in Situation 5 schließlich wird auch davon beeinflusst sein, ob Sie in der Vergangenheit schon schlechte Erfahrungen mit Zahnärzten gemacht haben.

2.7.2 Erkennen Sie Ihre Verhaltensmuster bei der Mediennutzung

Viele Aspekte beeinflussen Ihre Medienwahl. Und dennoch lassen sich in unserem Verhalten bestimmte Muster erkennen. Wichtig ist, dass Sie sich anhand der Beispiele überlegen, wie Ihr bevorzugtes Verhalten bei der Informationsgewinnung aussieht. Haben Sie bestimmte Verhaltensmuster, die immer wieder auftreten? Für viele Menschen ist beispielsweise das Telefon das gängigste und beliebteste Medium, um sich Informationen zu beschaffen. Andere meiden es, so gut es geht, weil sie sich damit unwohl fühlen. Zunehmend nutzen Menschen das Internet, um ihren Informationsbedarf zu stillen, weil es rund um die Uhr zur Verfügung steht und eine gewisse Anonymität bietet. Je sicherer Sie die Palette der zur Verfügung stehenden Medien beherrschen, desto spezifischer können Sie deren Auswahl auf die konkrete Aufgabenstellung ausrichten.

Bei der Medienwahl gibt es deshalb vier zentrale Aspekte:

1. Analyse des Problems bzw. der Aufgabenstellung
2. Überlegung, welche Medien zur Bearbeitung in Frage kommen
3. Auswahl des passenden Mediums
4. Einsatz des Mediums

Der souveräne Umgang mit Medien setzt deshalb voraus, dass Sie sich zunächst einen Überblick verschaffen, welche Medien Ihnen zur Verfügung stehen.

Dann gilt es zu entscheiden, welches Medium in der jeweiligen Situation das am besten geeignete ist. Es gibt Manager, die steigen morgens um acht Uhr in ein Flugzeug nach New York, nur um dort einen Vertrag zu unterschreiben, diesen mit einem „Handshake" noch zu bestätigen und dann zwei Stunden später wieder nach Hause zu fliegen. Sie meinen, das sei verrückt? Wenn es sich um ein wichtiges Projekt handelt, bei dem es darum geht, Vertrauen aufzubauen und persönliches Commitment zu vermitteln, kann diese Vorgehensweise durchaus sinnvoll und eine gute Investition sein. Wenn Sie beispielsweise Ihrem Partner oder Ihrer Partnerin eine Liebeserklärung zukommen lassen wollen, ist der klassische Liebesbrief mit persönlicher Unterschrift passender als eine E-Mail-Nachricht. Die richtige Medienwahl hängt also sehr stark von der jeweiligen Situation ab.

Und schließlich sollten Sie in der Lage sein, das gewählte Medium auch zu nutzen. Hierzu werden beispielsweise schon Seminare angeboten. Für viele ältere Menschen stellt die Umstellung der Banken auf Selbstbedienungsterminals, an denen Überweisungen getätigt oder Kontoauszüge abgerufen werden können, ein großes Problem dar. Wer nicht gelernt hat, mit dem PC umzugehen, wird in vielen Lebensbereichen auf Probleme stoßen, da die Beherrschung dieses Mediums heute als etwas ganz Selbstverständliches vorausgesetzt wird. Selbst vermeintlich einfache berufliche Tätigkeiten z. B. im Lager erfordern heute PC-Grundkenntnisse.

Wenn Sie beispielsweise zu dem Ergebnis kommen, dass eine Videokonferenz für Sie das geeignete Medium ist, sollten Sie wissen, wie so etwas funktioniert, und die entsprechende Infrastruktur besitzen oder ein Unternehmen an der Hand haben, das eine Videokonferenz für Sie durchführt.

Gleiches gilt für Anwendungen im Internet. Es reicht nicht, dass Sie schon einmal etwas von einer Preisagentur gehört haben. Wichtig ist, dass Sie wissen, wie Sie einen solchen Dienstleister finden und wie die „Spielregeln" aussehen. Wenn Sie sich beispielsweise den boomenden eBay-Markt ansehen, also eine internetbasierte Kauf- und Verkaufs-Börse, dann ist für die professionelle Nutzung schon ein ganz schönes Know-how nötig. Hierzu werden zahlreiche Seminare angeboten für Einsteiger und ebenso für Profis. Auch die Internet-Telefonie erfordert Medienkompetenz, bevor sich Kosten sparen lassen. Welche Medien bevorzugt genutzt werden, hängt sicherlich auch vom jeweiligen Alter und der Technikaffinität eines Menschen ab. Ein sicherer Umgang mit elektronischen Medien wird heute allerdings als Basisqualifikation vorausgesetzt.

2.7.3 Beherrschen Sie das Medium Telefon?

Übung 23: Beherrschen Sie das Medium Telefon sicher?

Wenn es um das Medium Telefon geht, nimmt die Frage, ob Sie mit Ihrer Stimme „lächeln" können, eine zentrale Rolle ein. Beantworten Sie die nachfolgenden Fragen, um Ihre Kompetenz im Umgang mit diesem Medium besser einschätzen zu können:

- Wie viel Zeit verbringen Sie am Tag mit Telefonieren?
- Wozu nutzen Sie das Telefon hauptsächlich? Für ...
  - Private Kontaktpflege
  - Berufliche Kontaktpflege
  - Kontaktanbahnung (Outbound, z. B. Telefonmarketing)
  - Anfragen
  - Rückfragen
  - Reklamationen
  - Beantwortung von Anfragen oder Rückfragen (Inbound, z. B. Servicecenter)
- Rufen Sie mehr an oder werden Sie häufiger angerufen?

- Was gefällt Ihnen an der Nutzung dieses Mediums?
- Was finden Sie an diesem Medium nicht so gut?
- Gelingt es Ihnen bei einem telefonischen Erstkontakt schnell einen Draht zu Ihrem Gesprächspartner zu finden?
- Fällt es Ihnen schwer mit Menschen zu telefonieren, die Sie bisher nicht persönlich kennen?
- Halten Sie das Telefon für ein effizientes Medium zur Zielerreichung?
- Können Sie Menschen gut anhand deren Stimme einschätzen?
- Können Sie Emotionen über das Medium Telefon transportieren?
- Wurden Sie schon im Telefonieren geschult (Telefontraining)?
- Besitzen Sie berufliche Erfahrung mit der Arbeit in einem Callcenter?

Tipp 23: So beherrschen Sie das Medium Telefon sicher

Welche Erkenntnisse konnten Sie aus der Beantwortung der obigen Fragen gewinnen? Ist das Telefon ein bevorzugtes Medium von Ihnen? Kommen Sie zu dem Ergebnis, dass Sie dieses Medium auch gut beherrschen?

Falls Sie insbesondere bei der Beantwortung dieser letzten Frage unsicher sind, sollten Sie Freunde und Kollegen hierzu befragen. Sie können auch einmal einen Test machen, indem Sie z.B. auf eine Stellenausschreibung zunächst anrufen und versuchen, einen Vorstellungstermin zu bekommen.

Checkliste: Telefontraining

Achten Sie auf Ihre innere Einstellung beim Telefonat. Freuen Sie sich darauf, mit diesem Menschen sprechen zu können. Ihr Gesprächspartner merkt, wenn Sie unkonzentriert, nervös oder lustlos sind.	
Führen Sie erst geschäftliche Telefonate, wenn Ihre Stimme „gut geschmiert" ist, d.h., nicht direkt nach dem Aufstehen telefonieren. Am besten machen Sie einige Stimmübungen oder führen zunächst ein privates Telefonat, auf das Sie sich freuen.	
Wenn es um wichtige geschäftliche Telefonate geht, achten Sie darauf, dass Sie sich in Ihrer Kleidung wohl fühlen. (Bei Bewerbungstelefonaten wird häufig empfohlen, in dem Outfit zu telefonieren, in dem Sie auch zum Vorstellungsgespräch gehen würden.)	

Wenn Sie selbst anrufen

Fragen Sie zunächst den Gesprächspartner, ob er kurz Zeit hat oder Sie mit Ihrem Anruf gerade z.B. in einer Besprechung stören. Falls dies der Fall ist, schlagen Sie einen konkreten Termin vor, zu dem Sie nochmals anrufen können. (Kann ich Sie morgen um Viertel vor 9 nochmals anrufen?)

Seien Sie freundlich, haben Sie ein Lächeln in Ihrer Stimme!

Wenn Sie angerufen werden

Geben Sie Ihrem Gesprächspartner das Gefühl, dass Sie sich über seinen Anruf freuen, und drücken Sie dies auch sprachlich aus.

Sofern Sie angerufen werden und Ihr Gesprächspartner verärgert ist (Reklamation), bleiben Sie auf jeden Fall ruhig, damit der Anrufer zunächst seinen Dampf ablassen kann.

Zeigen Sie Verständnis für die Situation Ihres Gesprächspartners.

Versuchen Sie, den genauen Sachverhalt zu hinterfragen.

Zeigen Sie Lösungsmöglichkeiten auf.

Bedanken Sie sich zum Abschluss für das Gespräch.

Achten Sie auf Ihre innere Einstellung beim Telefonat. Freuen Sie sich darauf, mit diesem Menschen sprechen zu können. Ihr Gesprächspartner merkt, wenn Sie unkonzentriert, nervös oder lustlos sind.

2.7.4   Können Sie gut präsentieren und visualisieren?

Übung 24: Verhelfen Sie Ihren Vorträgen und Präsentationen zu mehr Pfiff

Sie haben die Aufgabe, beim Besuch eines potenziellen Großkunden Ihr neuestes Produkt vorzustellen. Für Ihre Präsentation stehen Ihnen 20 Minuten zur Verfügung. Wie gestalten Sie die Präsentation, damit Sie den Kunden für Ihr Produkt begeistern können?

Tipp 24: So verhelfen Sie Ihren Vorträgen und Präsentationen zu mehr Pfiff

Sicherlich, zunächst sollte das Produkt selbst so innovativ und interessant sein, dass Sie überhaupt Argumente zur Verfügung haben. Dennoch reichen die Fakten in der Regel nicht aus, damit der Funke überspringt. Der Einsatz von Medien kann hier helfen.

Machen Sie sich bewusst, wie Informationen überhaupt aufgenommen werden.

Der Mensch behält ...

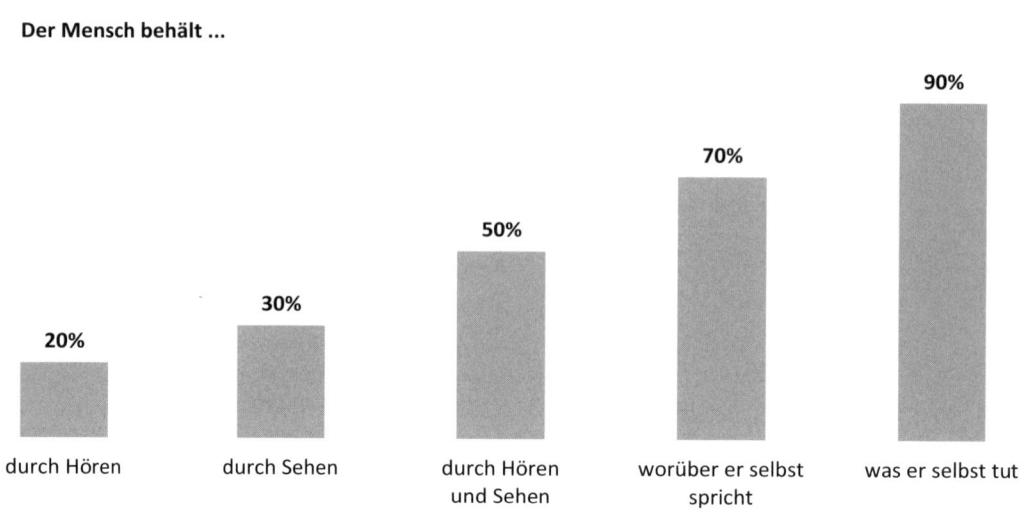

Abbildung 14: Auf welchem Weg Informationen besser aufgenommen werden

Mehrere Sinne ansprechen

Vor diesem Hintergrund ist es wichtig, dass Sie mit Ihrer Präsentation mehrere Sinne ansprechen und die Kunden aktiv in die Präsentation einbeziehen.

Visualisierung

Welche Möglichkeiten der Visualisierung bieten sich für Ihren Vortrag? Die am häufigsten gewählte Variante sind sicherlich Charts in Form von Beamerpräsentationen. Bei der Gestaltung der Charts sollten Sie einige Grundsätze beachten:

Checkliste: Gestaltung von Charts

Verwenden Sie maximal zehn Zeilen pro Chart.

Formulieren Sie keine ganzen Sätze, sondern nur Stichworte.

Sorgen Sie für Visualisierung und Auflockerung durch Bilder und Grafiken.

Strukturieren Sie den Text durch Einrücken.

Achten Sie auf Schriftgröße und Dicke der Linien.

Achten Sei bei Farbhinterlegung auf gute Lesbarkeit.

Checkliste: Präsentation

Verwenden Sie nicht zu viele Charts — weniger ist mehr (max. eine Folie pro Minute).
Sprechen Sie immer zum Publikum.
Stellen Sie sich nicht vor den Chart, damit den Zuhörern nicht die Sicht verdeckt wird.
Heben Sie Fakten eindeutig mittels Laserpointer oder Zeigestab hervor.
Planen Sie Sprechpausen ein, damit die Zuhörer die Charts inhaltlich aufnehmen können.
Bereiten Sie Einstiegs- und End-Charts vor.

Chartpräsentationen gehören mittlerweile zum Standard und verursachen bei den Zuhörern oftmals eher Langeweile, besonders wenn sie mit Charts „erschlagen" werden. Eine gelungene Animation, die Bilder und auch Soundelemente beinhaltet, kann die Aufmerksamkeit der Zuhörer erhöhen. Aber Vorsicht: Zu viele „Spielereien" können auch unprofessionell wirken. Überlegen Sie sich, wie Sie durch andere Visualisierungstechniken, die nicht so häufig zum Einsatz kommen und den Zuhörer eher überraschen, mehr Aufmerksamkeit erzielen können.

Die sechs wichtigsten Tipps zur optimalen Visualisierung

1. Erarbeiten Sie Kernaussagen am Flipchart.
   Indem Sie mit den Zuhörern Gedanken Schritt für Schritt am Flipchart visualisieren, erreichen Sie eine höhere Aufmerksamkeit als wenn Sie fertige Statements präsentieren. Erhöht wird diese Wirkung noch, wenn Sie in einem abgedunkelten Raum mit fluoreszierenden Farben arbeiten.
2. Verwenden Sie Anschauungsobjekte.
   Besser als Bilder sind reale Gegenstände, die zur Veranschaulichung dienen. Die Wirkung wird noch erhöht, wenn die Zuhörer die Gegenstände selbst in die Hand nehmen können.
3. Verteilen Sie Handouts.
   Indem Sie den Zuhörern eine kurze Zusammenfassung dessen, was Sie präsentieren, an die Hand geben, haben sie die Chance, sich im Nachgang nochmals mit Ihren Kernaussagen zu beschäftigen.
4. Zeigen Sie Filmsequenzen oder machen Sie eine Livevorführung.
   Je lebendiger Sie Ihr Produkt darstellen, desto besser. Bauen Sie Effekte ein, die den Zuschauern im Gedächtnis bleiben.

5. Sprechen Sie die Sinne an.
   Neben der Visualisierung ist die Einbeziehung von Effekten mit Sound, Licht, Nebel oder Gerüchen denkbar. Je mehr Sinne Sie ansprechen, desto eindringlicher wird Ihre „Botschaft" wahrgenommen.
6. Beteiligen Sie das Publikum.
   Die wohl wirkungsvollste Form des Informationstransports ist die aktive Beteiligung des Publikums. Geben Sie dem Publikum die Möglichkeit, Fragen zu stellen und zu diskutieren. Und vor allem: Lassen Sie Ihr Publikum selbst etwas tun. Wenn Sie beispielsweise ein Produkt präsentieren, geben Sie den Zuschauern die Möglichkeit, es selbst auszuprobieren oder anzuwenden.

2.7.5   Wie geben Sie Informationen weiter?

Sicherlich hängt der Medieneinsatz stark von der Veranstaltung und vom Rahmen ab. Je größer die Palette der Ihnen zur Verfügung stehenden und von Ihnen beherrschten Medien ist, desto spezifischer können Sie diese auf die einzelne Veranstaltung anpassen.

▶ **BEISPIEL: Wie geben Sie Informationen weiter?**

Andrea Stern, Sachbearbeiterin Versand, wird von ihrem Chef, dem Leiter Versand, gebeten, eine Ausarbeitung über die veränderten Exportregelungen aufgrund der EU-Erweiterung und der damit verbundenen Änderungen für das Versandgeschäft zu machen. Aus dieser Ausarbeitung soll eine Entscheidungsvorlage für den Leiter Vertrieb erarbeitet werden.

Übung 25: Werden Sie sich über Aufbau und Gestaltung einer Ausarbeitung klar

Wie sollte Andrea Stern — aus dem obigen Beispiel — Ihrer Meinung nach vorgehen?

Tipp 25: So werden Sie sich über Aufbau und Gestaltung einer Ausarbeitung klar

Die Informationsweitergabe mittels einer schriftlichen Ausarbeitung ist im Berufsleben sehr gebräuchlich. Wie die Ausarbeitung aussieht, hängt zunächst davon ab, wer der Adressat ist. In unserem Beispiel ist die Ausarbeitung für den direkten Vorgesetzten bestimmt. Das bedeutet, dass sie die Veränderungen auf der Grundlage der bisherigen Regelungen aufzeigen sollte. Gleichzeitig sollte sie beschreiben, welche Veränderungen in der Abwicklung sich daraus ergeben. Sofern es alternative Vorgehensweisen gibt, sollte sie diese beschreiben und mit ihren Vor- und Nachteilen bewerten. Schließlich sollte sie aus der Perspektive der Expertin einen Vorschlag machen, wie zukünftig auf der Grundlage der neuen Situation verfahren werden soll. Dieses Vorgehensschema stellt sich dann wie folgt dar:

So gehen Sie vor

- Beschreiben Sie die Ist-Situation.
- Zeigen Sie die Änderungen auf.
- Zeigen Sie die Konsequenzen für die firmeninternen Prozesse auf.
- Zeigen Sie die alternativen Vorgehensweisen mit ihren möglichen Risiken und Vorteilen auf, möglichst mit einer kostenmäßigen Bewertung.
- Machen Sie einen Vorschlag für die zukünftige Vorgehensweise.

Wie umfangreich Andrea Stern die Sachverhalte beschreibt, hängt sehr stark vom Informationsbedarf der Zielperson ab. Da die Ausarbeitung für ihren direkten Vorgesetzten, den Leiter des Versandes vorgesehen ist, kann sie davon ausgehen, dass er mit dem fachlichen Hintergrund und den Fachbegriffen vertraut ist. Die Ausarbeitung sollte demnach noch einen recht hohen Detaillierungsgrad besitzen, damit er genügend Informationen erhält, um den Sachverhalt komplett verstehen zu können und eine Chance hat, Denkfehler oder Unschlüssiges in der Ausarbeitung zu entdecken. Dies bedeutet jedoch nicht, dass Andrea Stern ihrem Chef sämtliche Gesetzestexte und Ausführungsrichtlinien mit in die Ausarbeitung packen soll. Sie benötigt jedoch diese detaillierten Unterlagen, um sich selbst umfassend mit der Materie auseinanderzusetzen.

Was ihren Chef besonders interessiert, sind die Konsequenzen, die sich aus den Veränderungen für die Abläufe im Unternehmen ergeben. Er muss seinerseits aus der Ausarbeitung eine Entscheidungsvorlage für seinen eigenen Chef erarbeiten, die einen deutlich höheren Abstrahierungsgrad aufweist und wesentlich kompakter ist. Schließlich kennt sich der Leiter Vertrieb in den Details nicht so aus. Soll er auch nicht, dafür hat er ja Experten, die ihm die Informationen so aufbereiten und als Vorschlag unterbreiten, dass er daraus eine unternehmerische Entscheidung treffen kann.

Verlassen wir das Beispiel Andrea Stern und betrachten wir im Folgenden verallgemeinernd den Grundsatz für die Weitergabe von Informationen.

Grundsatz für die Weitergabe von Informationen: Je höher eine Person in der Hierarchie angesiedelt ist, desto kompakter und komprimierter benötigt sie Informationen.

Das bedeutet, dass Sie den Umfang und den Detaillierungsgrad einer Ausarbeitung sehr stark an der Zielgruppe ausrichten sollten. Umfasst das ursprüngliche Zusammentragen und Bewerten des Sachverhalts beispielsweise acht Seiten, gilt es, diese auf maximal die Hälfte zu komprimieren, wenn die Daten an die nächste Stufe weitergegeben werden; in der folgenden Grafik ist dies das Projektteam. Es hinterfragt und bewertet die Ausarbeitung unter Berücksichtigung übergeordneter Erkenntnisse und fasst diesen Stand für die Weitergabe an den Projektleiter wiederum zusammen. Beim Leitungskreis kommt nur noch eine so genannte „Executive Summary", also eine Kurzzusammenfassung an, die es ihm ermöglicht, eine unternehmerische Entscheidung zu treffen.

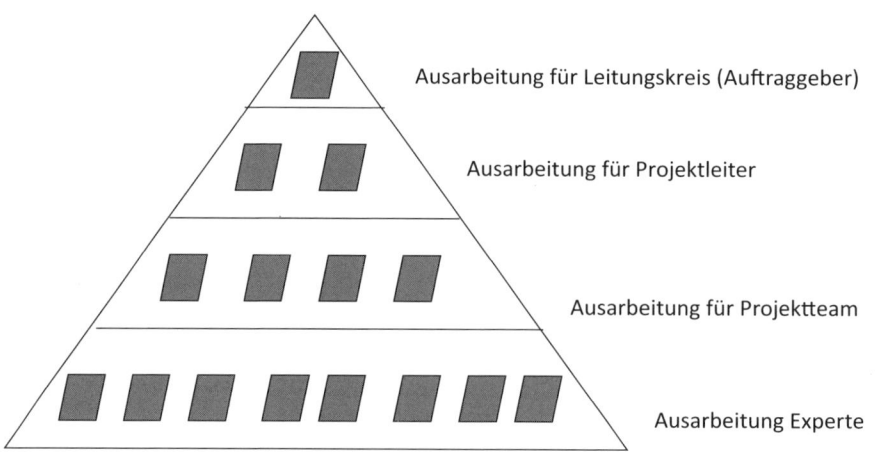

Abbildung 15: Der Grad der Detailtiefe orientiert sich an der Zielgruppe einer Information

Überlegen Sie sich, wie Sie bisher Ihre Informationen weitergegeben haben. Probieren Sie die hier beschriebene Vorgehensweise an einem eigenen Beispiel aus Ihrem Arbeitsbereich aus.

2.7.6   Wie schützen Sie sich vor der Informationsflut?

Wir befinden uns im Informationszeitalter. Gerade durch die neuen Medien wie z. B. das Internet können wir in sehr kurzer Zeit so ziemlich jede Information beschaffen. Die Kehrseite der Medaille ist, dass wir von einer Flut von Informationen überschüttet werden.

Viele Befragungen in Unternehmen belegen, dass die Menge an Informationen, die täglich auf die Menschen einstürzt, häufig als Belastung empfunden wird. Es fällt schwer, die wichtigen von den unwichtigen Informationen zu unterscheiden, ohne alle zunächst kurz angesehen zu haben. Häufig besteht auch die Angst, dass man vor lauter Bäumen den Wald nicht mehr sieht, sprich die wesentlichen Informationen gar nicht mehr bewusst aufnimmt. „Quick and dirty" ist nicht nur in den Medienbereichen ein geflügeltes Wort: Informationen einfach schnell „rausschießen", ohne zu hinterfragen, was für die Zielgruppe wirklich relevant ist. Auch Smartphones und Tablets, mit denen Führungskräfte selbst in Sitzungen nebenbei sich beschäftigen, tragen nicht unbedingt zu einer Qualitätsverbesserung des Informationsflusses bei. Daher ist es für den einzelnen Mediennutzer von immer größerer Bedeutung, dass er für sich Mechanismen findet, die ihn vor Informationsüberflutung schützen, ohne ihn von wichtigen Informationen abzuschneiden. Genau darum geht es bei der Medienkompetenz. Um dabei zielgerichtet Handlungsalternativen entwickeln zu können, sollten Sie zunächst einmal darüber nachdenken, welche Informationen Sie tagtäglich aufnehmen und verarbeiten müssen.

Übung 26: Werden Sie sich klar, welchen Informationen Sie ausgesetzt sind

Um sich Ihre derzeitige Situation zu bewusst machen, beantworten Sie bitte die nachfolgenden Fragen:

- Wie viel Zeit verbringen Sie täglich mit der Lektüre von Zeitungen, Fachzeitschriften und Fachbüchern?
- Wie viel Zeit verbringen Sie mit Ihrem Posteingang?
- Wie viel Zeit verwenden Sie täglich für das Lesen und Abarbeiten von E-Mails und Messenger Nachrichten?
- Wie viele E-Mails erhalten Sie pro Tag?
- Wie viele sind davon nur zu Ihrer Kenntnis, d.h., Sie sind nicht der eigentliche Adressat?
- Wie viele Spam-Nachrichten (Werbung) erhalten Sie täglich?
- Wie viel Prozent der Informationen die Sie erhalten, sind Ihrer Meinung nach so wichtig, dass Sie ohne diese Information Ihren Job nicht gut machen könnten?
- Wie viele SMS oder WhatsApp-Nachrichten erhalten Sie am Tag?
- Wie viel Zeit verbringen Sie täglich vor dem Fernseher mit Nachrichten- und Informationssendungen?

Erstellen Sie einen Plan, durch welche konkreten Maßnahmen Sie zukünftig die Informationsflut für sich eindämmen möchten. Untergliedern Sie nach den einzelnen Medien: Zeitungen, Postwerbung, E-Mail, Fax, SMS, Fernsehen.

Tipp 26: So werden Sie sich klar, welchen Informationen Sie ausgesetzt sind

Sie finden Werbung in Ihrem Briefkasten, Nachrichten im Posteingang oder in Ihrer E-Mail-Box und eine ununterbrochene Informationsflut auf dem Fernsehbildschirm, bei dem teilweise neben der eigentlichen Sendung noch Informationen gleichzeitig in Laufleisten übermittelt werden. Wir werden überschüttet von Informationen. Insbesondere die User eines Smartphones sind konstant im aktiven Empfangsmodus und viele können sich ein Leben ohne nicht mehr vorstellen.

Wenn Sie sich Ihre Antworten zu den obigen Fragen einmal näher anschauen, wie viel Zeit verwenden Sie dann täglich auf das Lesen und Verarbeiten von Informationen? Mehr als drei Stunden? Mehr als fünf Stunden? Oder gar sieben Stunden am Tag? Hinterfragen Sie jetzt einmal kritisch, wie viele Informationen es wert waren, von Ihnen aufgenommen zu werden, d.h., welche Informationen Sie für sich zielgerichtet verwerten konnten. Wie sieht die Bilanz dann aus?

Zeitfresser E-Mails

Ich befrage regelmäßig Führungskräfte, wie viele E-Mails sie am Tag bekommen und wie viele davon so wichtig waren, dass sie ohne diese Information ihren Job nicht hätten gut erledigen können. Diese Frage war auch oben in der Auflistung dabei. Wie lautete Ihre Antwort? Ich erhalte immer einen Wert um die 10 %. Das bedeutet, dass 90 % der eingehenden E-Mails Zeitfresser sind und die Menschen von ihrer eigentlichen Arbeit abhalten.

Warum ist das so? Es hängt sicherlich damit zusammen, dass es viel zu einfach ist, mit nur einem Mausklick Tausende von Seiten mit Informationen an einen Verteiler von Tausenden von Menschen zu verschicken. Hinzu kommt die Absicherungsmentalität in unserer Arbeitswelt nach dem Motto: Es soll sich doch nachher keiner beschweren können, dass er nicht informiert war! Also lieber ein paar Leute mehr als zu wenig in den Verteiler aufnehmen.

Wie können Sie sich schützen? Die Frage stellt sich nun: Wie schützen Sie sich vor dieser Informationsflut? Unter dem Aspekt der Medienkompetenz, die wir in diesem Kapitel näher betrachten, geht es darum, die einzelnen Medien besser in den Griff zu bekommen, sich Informationen fernzuhalten, die man nicht haben möchte. Eine Möglichkeit bezüglich ungewollter E-Mails besteht darin, Filter vorzuschalten oder Firewalls einzurichten, die z.B. Spams oder Nachrichten mit bestimmten Inhalten oder von bestimmten Absendern abfangen.

Der E-Mail-Flut Herr werden

Der Bereichsleiter Einkauf eines großen Konzerns ist einen sehr unkonventionellen Weg gegangen, um sich vor der riesigen E-Mail-Flut seiner einzelnen Einkaufsbereiche zu schützen. Er erhielt ständig E-Mails nur zur Kenntnis geschickt, von denen er nicht wusste, warum er sie bekam und welche Informationen speziell für ihn bestimmt waren. Die E-Mails enthielten große Anlagedateien mit Kalkulationen, bei denen er keine Chance hatte, die kritischen Punkte zu identifizieren. Um sich von dieser Flut zu befreien, lud er jeden Versender einer solchen E-Mail, die er nur zur Kenntnis bekam, zu sich ein. Er fragte die Versender, weshalb sie ihm die E-Mail geschickt hatten und was er damit tun solle. Die wenigsten hatten ganz konkrete Antworten parat, viele wollten sich nur bei ihm ins Gedächtnis bringen oder sich absichern. Da bat er sie darum, sie mögen ihm doch zukünftig nur E-Mails schicken, die direkt an ihn adressiert seien und kurz darauf hinwiesen, warum er in diese Angelegenheit involviert sein solle und ob der Absender eine Entscheidung von ihm erwarte. Mit dieser Aktion gelang es ihm, sich von der enormen E-Mail-Flut zu befreien und seine Mitarbeiter zu disziplinieren.

2.7.7 Wie souverän surfen Sie im Internet?

Übung 27: Surfen Sie souverän im Internet

Das Internet ist als Quelle für unsere Informationsgewinnung nicht mehr wegzudenken. Ob in der Schule, im Studium, am Arbeitsplatz oder in der Freizeit: „Ich schau mal schnell im Internet nach!", „Ich google mal kurz." lautet häufig die Antwort. Testen Sie mit den nachfolgenden Fragen Ihre Souveränität beim Surfen im Internet:

- Suchen Sie einen Lieferanten von italienischem Marmor, der maximal 50 Kilometer von Ihrem Wohnort entfernt ist.
- Suchen Sie eine Internetseite, auf der Sie einen Gehaltsvergleich vornehmen können, d.h., Informationen bekommen, was Menschen mit vergleichbarer Qualifikation wie Sie verdienen.
- Suchen Sie einen Reiseveranstalter, der Radtouren durch Russland anbietet.
- Suchen Sie den Namen des Torschützenkönigs der letzten Fußballweltmeisterschaft.
- Suchen Sie ein Kino, das maximal 20 Kilometer von Ihnen entfernt ist und einen englischsprachigen Film zeigt.
- Suchen Sie Informationen über die aktuell absetzbaren Beträge für Fahrten zwischen Wohnung und Arbeitsstätte in Ihrer Steuererklärung.
- Suchen Sie ein aktuelles Urteil zum Thema Kündigung von Wohnraum zu Zwecken des Eigenbedarfs, wenn der Mieter schon mehr als 20 Jahre in der Wohnung gewohnt hat.

- Suchen Sie eine Newsgroup, die sich mit dem Thema Neurodermitis beschäftigt.
- Versuchen Sie, über E-Bay einen Gegenstand zu verkaufen, den Sie nicht mehr benötigen.
- Lassen Sie sich in den Verteiler eines Newsletters aufnehmen, der über ein Thema Ihrer Wahl regelmäßig informiert.
- Abonnieren Sie einen Tweed, der Sie über die aktuelle Kursentwicklung auf dem Aktienmarkt informiert.
- Werden Sie Mitglied in einer Newsgroup zu Ihrem bevorzugten Hobby.

Sind Sie überall fündig geworden? Wie lange haben Sie für die Suche gebraucht? Und sind Sie mit Ihren Ergebnissen zufrieden?

Tipp 27: So surfen Sie souverän im Internet

Suchmaschinen

Das souveräne Navigieren im Internet lässt sich z. B. dadurch erreichen, dass Sie sich mit der Such-Syntax der unterschiedlichen Suchmaschinen vertraut machen. Sammeln Sie Erfahrung, welche Suchmaschine Sie in der Regel am schnellsten zum Ziel führt. Während jugendliche Nutzer eher intuitiv und mit der „trial and error"-Methode vorgehen, bieten sich entsprechende Kurse beispielsweise an der Volkshochschule oder bei Trainingsunternehmen an. Auch die Anbieter von Portalen wie Xing (soziales Netzwerk) oder Ebay (Verkaufsportal) bieten Schulungen und Webinare an. Gleiches gilt für Suchmaschinenanbieter wie Google. Hier noch ein paar grundsätzliche Tipps zum Surfen im Internet:

Checkliste: Surfen im Internet

Grenzen Sie Ihre Suchbegriffe möglichst eng ein, um die Anzahl der Treffer zu reduzieren.
Begrenzen Sie die Zeit, die Sie beabsichtigen zu surfen, damit Sie sich nicht darin verlieren.
Halten Sie interessante Seiten oder Suchwege als Bookmarks fest, um zu einem späteren Zeitpunkt wieder darauf zurückkommen zu können.
Nutzen Sie z. B. bei der Stellensuche so genannte Megasuchmaschinen, die übergreifend, d.h., auf mehrere Informationsquellen zugreifen.
Lernen Sie die Netiquette, das sind Höflichkeitsregeln und Symbole für den Ausdruck von Gefühlen im World Wide Web.
Suchen Sie in Blogs oder in einschlägigen Newsgroups. Hier können Sie Ihre Fragen gezielt einbringen.

2.7.8　Sind Sie ein Medienprofi?

Wenn wir uns mit dieser Frage beschäftigen, sollten wir zunächst einmal klären, was wir unter einem Medienprofi verstehen. Welchen der folgenden Begriffe verbinden Sie damit?

Abbildung 16: Was ist ein Medienprofi?

Sicherlich gehören eine souveräne Körpersprache, ein gepflegtes Äußeres, ein sicheres Auftreten, Wortgewandtheit, eine deutliche Artikulation und auch strategisches Denken, um sein Verhalten zielgerichtet steuern zu können, zu den Grundeigenschaften eines Medienprofis. Spontanität ist hier auch hilfreich, um in überraschenden Situationen schnell reagieren zu können. Und vor allem bedarf es viel Erfahrung, um sich auf dem Parkett der Öffentlichkeit, sei es vor der Kamera, bei Auftritten vor großem Publikum oder auch in Diskussionen souverän und sicher zu bewegen.

Auch wenn man im Fernsehen manchmal den Eindruck gewinnen kann, dass es sich bei Medienprofis um Vielredner handelt, so ist das Reden ohne Punkt und Komma sicherlich nicht immer förderlich. Natürlich sollten Sie in der Lage sein, flüssig zu sprechen. Indem Sie aber andere in Grund und Boden reden und nicht mehr zu Wort kommen lassen, werden Sie beim Publikum keine Sympathiepunkte sammeln können. Gleiches gilt für den Typ des Angebers. Arroganz und ein großspuriges Auftreten führen meistens dazu, dass Zuhörer nur darauf warten, dass etwas daneben geht. Dann stellt sich Schadenfreude ein. Wer zu impulsiv losstürmt und seine Emotionen nicht unter Kontrolle halten kann, setzt sich in den Medien ebenfalls einer großen Gefahr aus, nämlich bewusst provoziert zu werden, nach dem Motto: „Komm, jetzt lassen wir ihn mal wieder hochgehen!"

Übung 28: Lernen Sie, Ihre Mediengewandtheit einzuschätzen

Hier einige Fragen, mit denen Sie Ihre Kompetenz auf diesem Gebiet hinterfragen können:

- Reden Sie gerne auch vor größerem Publikum?
- Wie waren bisher die Rückmeldungen bei solchen Auftritten?
- Werden Sie immer wieder gebeten, öffentlich aufzutreten?
- Haben Sie sich schon einmal selbst mittels einer Videoaufzeichnung beobachten können?
- Setzen Sie Körpersprache gezielt zur Untermalung Ihrer Ausführungen ein?
- Haben Sie eine deutliche Aussprache?
- Können Sie akzentuiert sprechen d. h., Ihre Sprechgeschwindigkeit und Lautstärke variieren?
- Haben Sie Ihr Publikum im Blick und sprechen es gezielt an?
- Können Sie mit Angriffen und Zwischenrufen souverän umgehen?
- Sind Sie sich Ihrer Wirkung auf andere bewusst?
- Können Sie Menschen begeistern und überzeugen?

Tipp 28: So lernen Sie, Ihre Mediengewandtheit einzuschätzen

Für das Erreichen Ihrer beruflichen Ziele ist es sehr hilfreich, wenn Sie sich sicher und souverän in der Öffentlichkeit präsentieren können. Ihr diesbezügliches Verhalten hat einen hohen Einfluss auf die Wirkung, die Sie bei anderen erzielen. Hierauf werden wir in Kapitel 4 „Selbstmarketing" noch näher eingehen.

! Zusammenfassung: Das sollten Sie in diesem Kapitel erreicht haben

Sie sollten nach der Bearbeitung dieses Kapitels mehr darüber erfahren haben, welche Medien Sie bevorzugt nutzen und wie Sie bei der Beschaffung von Informationen vorgehen. Sie sind sich darüber bewusst, dass der Einsatz von Medien die Wirkung Ihrer Vorträge und Präsentationen deutlich erhöhen kann und Sie haben ein paar Anregungen hierfür erhalten. Sie haben sich Gedanken darüber gemacht, wie Sie Informationen zielgruppengerecht weitergeben und dies anhand eines Beispiels aus Ihrem eigenen Arbeitsumfeld nachvollzogen. Ihnen ist bewusst geworden, dass die Informationsflut, die tagtäglich auf Sie einstürzt, wichtige Ressourcen bindet, die Sie anderweitig zielgerichteter einsetzen könnten. Sie haben deshalb Maßnahmen festgelegt, die die Informationsflut reduzieren sollen. Hierzu zählt auch, dass Sie Ihre Professionalität im

Umgang mit dem Internet hinterfragt haben. Und schließlich haben Sie sich mit Ihrer Wirkung in der Öffentlichkeit beschäftigt und wissen, wo Sie noch Handlungsbedarf für eine Professionalisierung sehen.

2.8   Übersicht: Wie steht es um Ihre Kompetenzen?

Sie haben nun einen wichtigen ersten Schritt im Hinblick auf Ihre Standortbestimmung getan, indem Sie sich mit Ihren Kompetenzen beschäftigt haben.

Übung 29: Gewinnen Sie einen Überblick über Ihre Kompetenzen

Lassen Sie uns an dieser Stelle die wichtigsten Erkenntnisse bezüglich Ihres Könnens zusammentragen. Sie können bei der Bearbeitung der nachfolgenden Fragen jederzeit nochmals auf die Übungen 1 bis 28 zurückgreifen.

- Beschreiben Sie Ihre wichtigsten fachlichen Kompetenzen und belegen Sie diese mit Beispielen.
- Beschreiben Sie, wie Sie sich in den letzten Jahren weiterentwickelt haben.
- Nennen Sie Beispiele für Ihre bisher erzielten beruflichen Erfolge.
- Beschreiben Sie Ihre bisher größte berufliche Niederlage und was Sie daraus gelernt haben.
- Beschreiben Sie Ihre Kernkompetenzen und wie Sie diese in Ihrer derzeitigen Tätigkeit zum Einsatz bringen?
- Beschreiben Sie, wohin Sie sich beruflich entwickeln wollen und welche Qualifizierungsmaßnahmen hierzu aus Ihrer Sicht notwendig sind.
- Beschreiben Sie die Grundlagen Ihres Verhaltens im Umgang mit Menschen. Erläutern Sie dies anhand von Beispielen.
- Nennen Sie Beispiele, die belegen, dass Sie sich auf sehr unterschiedliche Situationen und Menschen einstellen konnten.
- Sofern Sie eine Führungsposition anstreben: Beschreiben Sie, welche Qualifizierungsmaßnahmen aus Ihrer Sicht notwendig wären, um eine Führungsaufgabe ausfüllen zu können.
- Beschreiben Sie Ihren Arbeitsstil und Ihre Arbeitsmethodik bei der Lösung von Aufgaben. Machen Sie dies anhand von Beispielen deutlich.
- Stellen Sie zusammen, welche Instrumente Sie in Ihrer Methoden-Box schon besitzen und auf welchen Gebieten noch Defizite abzubauen sind.
- Beschreiben Sie, wie Sie Informationen bevorzugt sammeln und weitergeben und welche Medien Sie hierzu benutzen. Belegen Sie dies anhand von Beispielen.
- Beschreiben Sie Ihr Präsentationsverhalten und Ihre bisherigen Erfahrungen und Erfolge anhand von Beispielen.

Tipp 29: So gewinnen Sie einen Überblick über Ihre Kompetenzen

Sie haben wahrscheinlich bemerkt, dass es sich bei der Zusammenstellung Ihrer Kompetenzen immer wieder um das Belegen dieser Kompetenzen anhand von Beispielen dreht. Beispiele helfen dabei Behauptungen zu untermauern und nachvollziehbar zu machen. So entstehen bei Ihrem Zuhörer Bilder, die sich verankern und damit einen hohen Erinnerungswert schaffen. Sie sollten sich daher einen „Bauchladen" an Beispielen zusammenstellen, an denen Sie Ihre Kompetenzen festmachen können. Fällt es Ihnen noch schwer, diese Beispiele zu finden? Keine Sorge: Darüber werden wir im folgenden Kapitel noch intensiv sprechen und Ihnen Hilfestellungen an die Hand geben.

Liste Ihrer Kompetenzen

Beginnen Sie einfach damit, Ihre Kompetenzen in einer Liste zusammenzutragen und wo Ihnen das möglich ist, mit Beispielen zu untermauern. Bei der Liste Ihrer Kompetenzen handelt es sich um eine dynamische Zusammenstellung, die Sie täglich ergänzen und erweitern sollten, sobald Ihnen weitere Beispiele einfallen oder wenn Sie sich zusätzliche Kompetenzen angeeignet haben.

Sie werden bei dem einen oder anderen Beispiel vielleicht feststellen, dass es Ihnen schwer fällt, es nur einem Kompetenzfeld zuzuordnen. Es ist völlig normal, dass es Beispiele gibt, bei denen mehrere Kompetenzbereiche angesprochen werden. Dann nehmen Sie das Beispiel ruhig in beiden Feldern auf. Die Einteilung in Kompetenzbereiche soll Ihnen nur als gedankliches Gerüst und Hilfestellung bei der Analyse Ihrer Kompetenzen dienen und ist nicht dogmatisch zu sehen.

Benutzen Sie als Hilfe die nachfolgende Tabelle. (Die Liste steht Ihnen auch im Arbeitshilfen-online-Bereich zum Download zur Verfügung.)

Kompetenzliste

Kompetenzbereich	Kompetenzen	Beispiele
Fachkompetenz		
Soziale Kompetenzen		
Führungskompetenz		
Interkulturelle Kompetenz		
Methodenkompetenz		
Medienkompetenz		

2.9 Welche Persönlichkeitsmerkmale haben Sie?

Bei den Kompetenzen, die wir bisher besprochen haben, handelte es sich vorwiegend um Fähigkeiten, die Sie sich im Laufe der Jahre über Erfahrung oder gezielte Schulungen oder Ausbildungen angeeignet haben. Diese Kompetenzen stellen demnach das Feld Ihres Könnens dar.

Wenn wir aber beispielsweise im Bereich soziale Kompetenz und Umgang mit Menschen etwas näher hinschauen, fällt es dem einen deutlich leichter, „den richtigen Ton" zu finden, als dem anderen. Natürlich lässt sich auch gerade im Umgang mit anderen Menschen vieles lernen. Bestimmte Verhaltensweisen sind jedoch direkt mit dem Wesen eines Menschen verbunden.

Wenn wir uns nun mit Ihrer Persönlichkeit beschäftigen, betreten wir ein Gebiet, das Sie als Mensch näher beschreibt und damit Ihr Wesen, Ihre Grundhaltung und Ihrer Einstellung zu bestimmten Dingen, näher beleuchtet. Wir kommen damit an den Kern dessen, was Sie als Mensch ausmacht und definiert. Es geht um Eigenschaften und Verhaltensweisen, die direkt mit Ihrer Person verknüpft sind. Der beste Einstieg hierzu besteht darin, auf Entdeckungstour in die Vergangenheit zu gehen und Situationen und Verhaltensweisen näher zu beleuchten.

2.9.1 Trioing – oder wie Sie auf Entdeckungstour in Ihre Vergangenheit gehen

Die nachfolgende Übung, die von Richard Bolles und Daniel Poirot entwickelt wurde, kann Ihnen bei Ihrer Entdeckungsreise helfen. Sie finden diese Methode auch in dem Buch „Durchstarten zum Traumjob" von Richard Bolles.

Der Begriff „Trioing" basiert auf dem Wort „Trio", sprich „drei". Er wurde deshalb gewählt, weil diese Übung zu dritt durchgeführt wird. Entscheidend ist, dass Sie sie mit zwei Menschen in einer entspannten Atmosphäre ausführen. Sie benötigen dafür rund eine halbe Stunde Zeit und sollten dabei ungestört sein. Sie benötigen ferner Schreibzeug und Papier.

Suchen Sie sich bitte zwei Partner, mit denen Sie diese Übung gemeinsam durchführen. Es geht darum, dass Sie sich jeweils eine Geschichte aus Ihrem Leben erzählen. Es spielt dabei keine Rolle, ob diese Geschichte aus der Kindheit, der Jugend, dem beruflichen Umfeld oder dem Privatleben stammt. Die Geschichte muss nur die drei folgenden Bedingungen erfüllen:

- Sie sollen sich gerne an die Geschichte erinnern.
- Sie sollen in der Geschichte eine aktive Rolle spielen.
- Die Geschichte sollte einen guten Ausgang, ein „Happy End", haben.

Und so gehen Sie vor:

1. Jedes der drei Gruppenmitglieder schreibt zunächst für sich seine Geschichte auf. Beschreiben Sie dabei möglichst detailliert, was Sie in der Geschichte gemacht haben. Listen Sie unter der Geschichte auf, welche Fähigkeiten Sie in dieser Geschichte Ihrer Meinung nach gezeigt haben.
2. Erzählen Sie nun Ihre Geschichte den beiden anderen Partnern oder lesen Sie sie vor. Die beiden Zuhörer erhalten zunächst Gelegenheit, Verständnisfragen zu stellen, sofern beim Erzählen Zusammenhänge nicht ganz klar werden. Da-

nach tragen Sie die Kompetenzen und Fähigkeiten vor, die Sie bei sich in dieser Geschichte entdeckt und sich notiert haben.

3. Nun geben Ihnen Ihre beiden Partner Rückmeldung, ob sie in der Geschichte weitere Kompetenzen und Eigenschaften bei Ihnen entdeckt haben, die Sie nicht selbst genannt haben.

4. Notieren Sie sich diese Begriffe zusätzlich auf Ihrer Liste.

5. Danach wird dieser Prozess für Ihre beiden Partner in gleicher Weise durchgeführt.

6. Führen Sie diese Übung mit unterschiedlichen Personen und jeweils unterschiedlichen Geschichten aus Ihrem Leben mindestens siebenmal durch. Mit unterschiedlichen Menschen deshalb, weil Sie dadurch eine sehr breite Palette an Rückmeldungen erhalten.

Bei der Durchführung dieser Übung kommen immer wieder Menschen, selbst solche im fortgeschrittenen Alter, auf mich zu und sagen, dass ihnen keine Geschichten einfielen, die die drei genannten Bedingungen erfüllen würden. Traurig, aber wahr: Viele Menschen haben die „Erfolgserlebnisse", die jeder in seinem Leben ja zweifelsfrei gehabt hat, so weit verdrängt, dass sie tatsächlich glauben, hier nichts aufführen zu können.

Zur Durchführung der Übung benötigen Sie nicht unbedingt nur die großen Erfolge. Auch kleine Dinge wie die erfolgreiche Planung einer Geburtstagsfeier für einen Menschen, der Ihnen nahe steht, die besonders kompetente Beratung eines Kunden, für die er sich bei Ihnen mit einem Blumenstrauß bedankt oder die Umgestaltung Ihres Gartens, der dann von anderen bewundert wird, können Sie heranziehen. Entscheidend ist, dass dieser Erfolg für Sie Bedeutung hat und auf Ihrem Verhalten basiert.

Um Ihnen den Prozess des Trioings zu verdeutlichen, finden Sie das nachfolgende Beispiel von Franziska Pauli. Franziska Pauli hat diese Übung zusammen mit zwei Freundinnen gemacht. Hier ist ihre Geschichte.

▶ **BEISPIEL: Franziska Pauli**

Als ich mich nach dem Abitur für eine Fachhochschulausbildung beim Bund bewerben wollte, erfuhr ich, dass bei der Bewerberauswahl Testverfahren zum Einsatz kommen würden. Ich versuchte, mir zur Vorbereitung einschlägige Literatur zu besorgen, aber da gab es damals nicht viel. So habe ich damit begonnen, viele Leute zu befragen, die schon an solchen Tests teilgenommen hatten. Ich ließ mir die Tests beschreiben und sammelte diese. Nachdem es mir für meinen Test geholfen hatte, das Grundprinzip gekannt zu haben, begann ich damit, Testübungen systematisch zu sammeln und nach deren Muster eigene Übungen zu erstellen. Daraus wurde ein Manuskript, das ich bei Verlagen zu platzieren versuchte. Aber das Interesse der Verlage war zunächst gleich null. Erst nach 34 Versuchen war schließlich ein Verlag interessiert. Es gelang mir, den Verlag dazu zu bringen, dass er ein Gutachten erstellen ließ, um zu klären, ob nur die Originaltests geschützt waren oder auch schon das Grundprinzip, auf dem die Tests basierten. Nur damit schien es möglich, die Bedenken des Verlags im Hinblick auf die Verletzung von Schutzrechten auszuräumen. Nachdem das Gutachten ergab, dass die nachempfundenen Übungen nicht die Schutzrechte verletzten, war der Verlag bereit, das Manuskript zu veröffentlichen.

Franziska Pauli fand bei sich die folgenden Kompetenzen/Fähigkeiten in der Geschichte wieder:

- Informationen von Menschen beschaffen können
- Analytisches Denkvermögen
- Kreativität
- Ausdauer

Als sie die Geschichte ihren beiden Freunden erzählte, ergänzten diese die Liste wie folgt:

- Initiative zeigen
- Kontakt zu Menschen aufbauen
- Vertrauen schaffen
- Selbstvertrauen
- Strukturiertes Arbeiten
- Zähigkeit
- Überzeugungsfähigkeit
- Frustrationstoleranz (sich durch negative Erfahrungen nicht entmutigen lassen)

Franziska Pauli war ganz überrascht, welche Kompetenzen und Eigenschaften da noch dazu kamen, an die sie nicht gedacht oder die sie nicht als etwas Besonderes erkannt hatte.

Übung 30: Gehen Sie auf Entdeckungstour in Ihre Vergangenheit

Führen Sie nun ihrerseits mit zwei Partnern ein Trioing durch.

Tipp 30: So gehen Sie auf Entdeckungstour in Ihre Vergangenheit

Wie haben Sie sich bei der Durchführung der Übung gefühlt? Hat es Ihnen Spaß gemacht? Konnten Ihre Partner Kompetenzen und Fähigkeiten aufgrund Ihres Verhaltens in den Geschichten nennen, auf die Sie selbst nicht gekommen waren?

Menschen, die diese Übung machen, stellen immer wieder fest, dass sich nach der Durchführung ihre Stimmung deutlich verbessert. Das hat damit zu tun, dass sie sich an positive Erlebnisse erinnern, sich Erfolge bewusst machen und durch die Partner und deren Rückmeldung Wertschätzung erfahren. Diese Übung kann also auch dazu helfen, sich aus einem persönlichen Tief wieder hochzurappeln, indem Sie sich bewusst mit positiven Erfahrungen beschäftigen. Man spricht hier auch von einem so genannten positiven Anker. Besonders in der Arbeitslosigkeit ist dies ein zentrales Element für den Erhalt des Selbstwertgefühls.

Typische Verhaltensweisen

Wenn Sie die Übung nun mehrfach mit neuen Geschichten durchführen, werden Sie feststellen, dass unabhängig davon, um welches Thema es sich handelt und in welcher Lebensphase die Geschichte spielt, bestimmte Verhaltensweisen und Merkmale immer wieder anzutreffen sind. Durch die mehrfache Durchführung dieser Übung kristallisieren sich quasi die für Sie typischen Verhaltensweisen heraus. Ihr Bild wird klarer und anhand von Beispielsituationen belegbar.

Was hat nun Ihre Persönlichkeit mit Ihrem beruflichen Erfolg zu tun?

Je besser Sie sich und Ihre Wesenszüge kennen, umso zielgerichteter können Sie für sich berufliche Weichen stellen. Bei einer Tätigkeit, deren Anforderungen im absoluten Gegensatz zu den Ihnen eigenen Fähigkeiten und Stärken steht, wird es auf Dauer eher schwierig sein, sich erfolgreich positionieren zu können. Fachliches Wissen lässt sich wesentlich leichter aneignen, als einen kreativen, spontanen Freidenker zu einem detailorientierten Controller zu machen, der Zahlenanalyse betreiben soll. Und ganz ehrlich- würden Sie gerne dauerhaft eine Aufgabe wahrnehmen, die einfach nicht zu Ihnen passt?

2.9.2   Sind Sie kreativ?

Kreativität, die Fähigkeit, Neues zu entwickeln, auch ungewöhnliche Ideen zu haben, besitzt besonders in Berufen, die sehr stark mit Innovation zu tun haben, einen hohen Stellenwert. In den meisten Berufen genügt es heute nicht mehr, Arbeiten nach „Schema F" abzuwickeln. Gefragt sind Menschen, die in der Lage sind, Veränderungen zu gestalten und gangbare Wege für neue Aufgabenstellungen zu finden. Letztendlich schafft diese Fähigkeit Wettbewerbsvorteile.

Die große Qualifikationsanalyse: Wer sind Sie und was können Sie?

Sicherlich kennen Sie auch Menschen, die häufig geistig ganz woanders sind, vor sich hinträumen und in ihrer eigenen Gedankenwelt leben. Vielleicht gehören Sie selbst zu den Menschen, denen Routine ein Gräuel ist und die immer bestrebt sind, Dinge einfach mal anders zu machen. Kreativität ist der Schlüssel dazu. Indem Sie Denkmauern einreißen und unkonventionelle Wege gehen, öffnen Sie die Tür zur Veränderung und Weiterentwicklung. Wenn wir die Natur betrachten, können wir immer wieder nur staunen, wie kreativ dort Probleme gelöst wurden.

Übung 31: Testen Sie Ihre Kreativität

Versuchen Sie, aus dem nachfolgenden Grafikelement so viele Figuren oder Bilder wie möglich zu zeichnen.

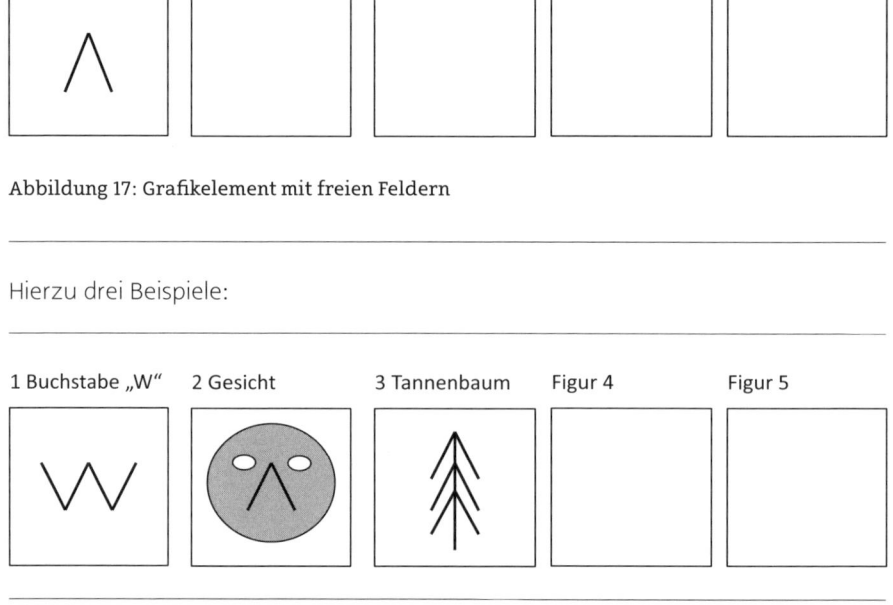

Abbildung 17: Grafikelement mit freien Feldern

Hierzu drei Beispiele:

Abbildung 18: Vorschläge für die kreative Verwendung des Grafikelements

Tipp 31: So testen Sie Ihre Kreativität

Wie viele Bilder sind Ihnen eingefallen? Haben Sie mehr als 20 geschafft? Das ist schon ein sehr gutes Ergebnis. Wer über 25 Bilder entwickelt hat, kann sich in dieser Übung als wirklich kreativ bezeichnen.

Versuchen Sie, Beispiele zu finden, in denen Sie Kreativität bewiesen haben.

Checkliste: Kreativität

	ja	nein
Gehen Sie gern neue Wege?		
Probieren Sie gern neue Dinge aus?		
Kommen Ihnen spontan Ideen in den Kopf, wie man Probleme auf unkonventionelle Art und Weise lösen kann?		
Ertappen Sie sich manchmal dabei, wie Sie in Ihren Gedanken versunken sind und nicht auf das achten, was um Sie geschieht?		

Wenn Sie die obigen Fragen mit Ja beantwortet haben, gehört Kreativität zu Ihren persönlichen Eigenschaften. Menschen, die eine hohe Kreativität besitzen, haben häufig Probleme damit, nach sturen Regeln zu arbeiten oder Routinen abzuwickeln. Es ist deshalb wichtig, dass Sie sich ein Umfeld suchen oder schaffen, in dem Ihre Kreativität positiv zum Einsatz kommen kann. Wer in rigiden Strukturen mit starren Abläufen ständig kreative Lösungen vorschlägt, wird leicht zum Außenseiter und als „Spinner" abgetan.

Sehen Sie Ihre Kreativität als eine positive Gabe, die Sie gezielt zur Lösung von Problemen einsetzen können.

2.9.3 Wie halten Sie es mit Tugenden wie Pünktlichkeit und Zuverlässigkeit?

Wenn wir von klassischen Tugenden wie Pünktlichkeit und Zuverlässigkeit sprechen, kommt bisweilen für manche ein eher „altbackener" Beigeschmack mit ins Spiel. Sind diese Tugenden noch zeitgemäß?

Ich meine sie sind es, da sie unser Zusammenleben in einer Gemeinschaft einfacher und angenehmer machen. Von anderen erwarten wir, dass sie ihr Verhalten an diesen Leitlinien ausrichten. Oder werden Sie gerne versetzt, übervorteilt oder hintergangen?

Auf Dauer wird die Ausrichtung Ihres Verhaltens an diesen Tugenden beruflich für Sie förderlich sein. Nur so bauen Sie sich ein positives Image auf und machen sich unangreifbar.

Das Einhalten von Tugenden hat auch etwas mit dem eigenen Wertesystem zu tun. Insbesondere wenn Sie eine Führungsposition anstreben, nehmen Sie damit eine Vorbildfunktion ein und bestimmen mit Ihrem Verhalten den Maßstab, an dem sich Ihre Mitarbeiter orientieren.

Die große Qualifikationsanalyse: Wer sind Sie und was können Sie?

ÜBUNG 32: Werden Sie sich über die Bedeutung klassischer Tugenden und Werte klar

Nachfolgend finden Sie einige Situationen beschrieben. Entscheiden Sie sich für eine Antwortalternative, die Ihrem Verhalten am nächsten kommt.

Situation 1: Sie haben einen Besprechungstermin und stellen fest, dass Sie zehn Minuten zu spät kommen werden. Wie verhalten Sie sich?

a) Ich mache nichts weiter, schließlich wissen alle, dass ich nicht so pünktlich bin.
b) Ich beeile mich und suche, wenn ich zu spät komme, eine Ausrede.
c) Ich entschuldige mich für mein Zuspätkommen.
d) Ich gebe vorab kurz Bescheid, dass ich ungefähr zehn Minuten zu spät kommen werde, damit sich die anderen darauf einstellen können.

Situation 2: Einer Ihrer Kunden schickt einen Auftrag, wonach er dringend noch ein Ersatzteil braucht. Es ist jedoch schon Feierabend und Sie haben vor, noch ein paar Sachen in der Stadt zu erledigen. Wie verhalten Sie sich?

a) Ich lasse den Auftrag liegen, morgen ist auch noch ein Tag.
b) Ich rufe den Kunden am nächsten Morgen an und sage, dass ich gestern schon aus dem Haus war, als sein Auftrag kam.
c) Ich bitte einen Kollegen, ob er den Auftrag für mich noch am Abend bearbeiten kann.
d) Ich wickle den Auftrag noch ab und verschiebe meine Einkäufe.

Situation 3: Sie kaufen in einem Geschäft mehrere Sachen ein und die Kassiererin vergisst ein Teil für 49,– Euro einzutippen. Wie verhalten Sie sich?

a) Ich freue mich und sage nichts.
b) Ich tue so, als ob ich es nicht gemerkt hätte.
c) Ich gehe zum Marktleiter, erzähle den Vorfall und bitte um einen Warengutschein für meine Ehrlichkeit.
d) Ich mache die Kassiererin darauf aufmerksam und bezahle das Teil.

Situation 4: Sie kommen an den Eingang zur U-Bahnstation, die Rolltreppe ist jedoch ausgefallen. Eine Mutter mit Kinderwagen möchte zur Station. Wie verhalten Sie sich?

a) Ich laufe weiter, schließlich kann man sich nicht um alles kümmern.
b) Ich laufe weiter, sage aber der Mutter, dass ich sehr in Eile sei.
c) Ich bitte jemanden anderen, der jungen Mutter zu helfen.
d) Ich helfe der Frau, den Kinderwagen die Treppen hinunterzutragen.

Situation 5: Auf dem Firmenparkplatz sehen Sie ein Auto, bei dem am Tag Licht brennt. Wie verhalten Sie sich?

a) Ich mache nichts, wer so schusselig ist, hat es nicht anders verdient, als dass seine Batterie dann leer ist.
b) Ich frage einen Kollegen, ob er weiß, wem das Auto gehört. Falls er verneint, kümmere ich mich nicht weiter um die Sache.
c) Ich warte noch eine Stunde und schaue dann nochmals nach. Falls das Licht immer noch brennt, gebe ich in der Telefonzentrale Bescheid.
d) Ich versuche herauszubekommen, wem das Auto gehört, und informiere die Person sofort.

Situation 6: Sie arbeiten in einem Büro, bei dem das Büromaterial für jeden frei zugänglich gelagert ist. Wie verhalten Sie sich?

a) Ich decke auch meinen privaten Bedarf an Büromaterial über dieses Lager ab, schließlich macht man ja sonst genug für die Firma, da muss das bisschen drin sein.
b) Ich nehme regelmäßig Kleinigkeiten wie Bleistifte oder Radiergummis mit nach Hause.
c) Ich nehme ab und zu Kleinigkeiten zur Deckung meines privaten Bedarfs mit.
d) Ich nehme kein Büromaterial für private Zwecke mit nach Hause.

Situation 7: Sie haben bei der Bearbeitung eines Vorgangs einen Fehler gemacht, aus dem sich weitere Konsequenzen für die Firma ergeben können. Wie verhalten Sie sich?

a) Ich sage nichts, die anderen werden schon nicht merken, dass ich den Fehler gemacht habe.
b) Ich unternehme nichts und falls jemand darauf kommt, tue ich so, als ob ich den Fehler nicht bemerkt hätte.
c) Ich versuche, den Fehler zu korrigieren, und falls ich es nicht hinkriege, hoffe ich, dass es keiner merkt
d) Ich versuche, den Fehler zu korrigieren, und falls das nicht klappt, informiere ich meinen Chef, damit er frühzeitig reagieren und eingreifen kann, bevor der Schaden größer wird.

Situation 8: Sie haben sich mit Kollegen verabredet, abends gemeinsam wegzugehen. Plötzlich werden Sie von einem Freund angesprochen, ob Sie mit ihm was unternehmen. Wie verhalten Sie sich?

a) Da ich mehr Lust habe, mit meinem Freund wegzugehen, sage ich das Treffen mit den Kollegen einfach ab.
b) Ich sage meinen Kollegen, dass ich mich nicht gut fühle, und gehe dann mit meinem Freund weg.
c) Ich sage meinem Freund, dass ich schon etwas vorhabe, und sage ihm ab.
d) Ich sage meinem Freund, dass ich mit meinen Kollegen schon eine feste Verabredung habe, frage ihn aber, ob wir nicht an einem anderen Tag etwas zusammen unternehmen können.

Situation 9: Sie hatten die Möglichkeit, mit einem Kollegen in dessen Auto von einer Dienstreise mit nach Hause zu fahren. Sie hatten jedoch Ihren Dienstreiseantrag für die Hin- und Rückfahrt gestellt. Wie verhalten Sie sich?

a) Ich rechne trotzdem die vollen Reisekosten gegenüber der Firma ab.
b) Ich rechne die Reisekosten voll ab, lade aber den Kollegen zum Essen ein.
c) Ich rechne nur eine Strecke der Reisekosten ab, wir gehen jedoch noch schön essen, was ich gegenüber der Firma ebenfalls abrechne.
d) Ich rechne nur die Fahrtkosten der Hinfahrt ab.

Situation 10: Ihr Kollege hat eine Idee für die Optimierung des Arbeitsprozesses entwickelt, die er Ihnen erzählt. Sie halten die Idee für gut und glauben, dass Ihr Chef dies auch so sieht. Wie verhalten Sie sich?

a) Ich gehe zum Chef und verkaufe die Idee, als ob es meine gewesen wäre.
b) Ich gehe zum Chef und sage, dass ich diese Idee zusammen mit dem Kollegen entwickelt hätte.
c) Ich sage dem Kollegen, dass ich die Idee für ganz gut halte, in einigen Punkten bedürfe sie jedoch noch der Verbesserung. Dann gehen wir gemeinsam zum Chef und verkaufen die leicht modifizierte Idee als unsere gemeinsame.
d) Ich gratuliere dem Kollegen zu dieser Idee und empfehle ihm, sie dem Chef vorzustellen.

Tipp 32: So werden Sie sich über die Bedeutung klassischer Tugenden und Wert klar

Die Ergebnisse des Tests werten Sie folgendermaßen aus:

Für alle Antworten a) erhalten Sie 0 Punkte.
Für alle Antworten b) erhalten Sie 1 Punkt.
Für alle Antworten c) erhalten Sie 3 Punkte.
Für alle Antworten d) erhalten Sie 5 Punkte.

0–19 Punkte: Die klassischen Tugenden wie Zuverlässigkeit, Pünktlichkeit, Loyalität und Ehrlichkeit bedeuten Ihnen nicht sehr viel. Sie handeln nach dem Motto: Das Leben ist hart, da muss man sehen, wo man bleibt. Für Ritterlichkeit ist da kein Platz. Vielleicht haben Sie diese Einstellung aufgrund schlechter Erfahrungen mit anderen Menschen entwickelt, fühlten sich schlecht behandelt und passen sich diesem Stil an. Mit diesem Verhalten laufen Sie jedoch Gefahr, dass Sie andere Menschen vor den Kopf stoßen, sich ein negatives Image aufbauen und leicht zum egoistischen Außenseiter werden. Wer derart auftritt, darf mit Rücksichtnahme anderer nicht rechnen. Vielmehr müssen Sie immer auf der Lauer sein, weil andere Ihnen Ihr Verhalten nicht heimzahlen könnten. Das macht das Leben sehr anstrengend.

20–35 Punkte: Sie sind immer etwas hin- und hergerissen zwischen dem Streben nach dem eigenen Vorteil und dem, was aus Ihrer Sicht „richtig" wäre. Ihnen ist die Bedeutung von Tugenden wie Verlässlichkeit, Redlichkeit und Pünktlichkeit durchaus bewusst. Im Alltag ist die Verführung aber doch sehr groß, den eigenen Vorteil höher zu stellen. Dann flüchten Sie sich in Ausreden, um Ihr Handeln zu rechtfertigen. Sie sollten sich aber darüber im Klaren sein, dass Sie von anderen nur das Verhalten erwarten können, das Sie auch selbst bereit sind zu geben. Wie heißt es so schön: Wie man in den Wald schreit, so hallt es wider.

36–50 Punkte: Klassische Tugenden wie Pünktlichkeit, Zuverlässigkeit, Hilfsbereitschaft oder Loyalität haben für Sie einen hohen Stellenwert. Sie sind sehr bestrebt, Ihr tägliches Verhalten an diesen Wertmaßstäben auszurichten. Dies kann oftmals bedeuten, dass sich zunächst Nachteile für Sie daraus ergeben. Auf Dauer gesehen werden Sie sich mit dieser Einstellung jedoch ein positives Image aufbauen und auch von anderen in der Mehrzahl der Fälle belohnt werden. Seien Sie sich aber auch darüber im Klaren, dass Ihr Verhalten bisweilen ausgenützt werden kann. Entscheidend ist jedoch, dass Sie mit sich und Ihrem Verhalten „im Reinen" sind und eine klare Leitlinie haben, an der Sie sich orientieren können.

2.9.4 Sind Sie belastbar?

Menschen klagen allgemein darüber, dass der Leistungsdruck zunehme. Die anstehenden Aufgaben in den Unternehmen werden immer komplexer und müssen von immer weniger Menschen bewältigt werden. Dies bedeutet, dass die Fähigkeit, mit Druck und Belastungen umzugehen, an Bedeutung gewinnt. Ein wesentlicher Faktor ist dabei, wie Sie auf Zeitdruck reagieren.

Zur Belastbarkeit gehört nicht nur Ihr Leistungsverhalten unter Zeitdruck. Auch Ihre emotionale Stabilität fällt in diese Kategorie. Ausgeglichenheit, Ihre Lebenseinstellung und Ihr Selbstvertrauen sind Faktoren, die hineinspielen. Sie sollten sich Gedanken darüber machen, welche Informationen Sie diesbezüglich aus Ihren bisherigen Lebenserfahrungen gewinnen können. Versetzen Sie sich dazu wieder in konkrete Situationen aus der Vergangenheit und überlegen Sie, wie Sie sich dabei gefühlt haben:

- Spornt Sie Leistungsdruck eher an oder belastet er Sie so, dass Sie dadurch in Ihrer Leistungsfähigkeit sogar eingeschränkt sind?
- Ist der Druck, den Sie spüren, von außen verursacht, oder machen Sie sich den Stress häufig selbst, indem Sie die Messlatte für sich besonders hoch setzen?
- Können Sie mehrere Anforderungen oder Aufgaben parallel bewältigen oder fühlen Sie sich dadurch leicht überfordert?

Doch lassen Sie uns zunächst damit beginnen, Ihre Stressresistenz beim Arbeiten unter Zeitdruck zu testen. Wie leistungsfähig sind Sie, wenn Ihnen zur Lösung einer Aufgabe nur eine begrenzte Zeit zur Verfügung steht? Können Sie sich dennoch konzentrieren oder werden Sie zappelig und nervös? Wenn Sie mehr darüber erfahren möchten, machen Sie die folgende Übung.

Übung 33: Beurteilen Sie Ihr Arbeitsverhalten unter Zeitdruck

Für die nachfolgende Übung benötigen Sie einen Freund, der mit einer Stoppuhr die Zeiten für Sie stoppt. In der folgenden, ersten Tabelle, zeigen wir Ihnen, wie Sie vorgehen sollen. Sie addieren jeweils zwei untereinander stehenden Zahlen und notieren Sie sich nur die Endziffer. Auf der nachfolgenden Seite finden Sie mehrere Spalten von Zahlen. (Das Rechenblatt steht Ihnen im Arbeitshilfen-online-Bereich zur Verfügung.)

Beispiel		Lösung
3		
	0	3 + 7 = 10 → notierte Endziffer = 0
7		
	6	7 + 9 = 16 → notierte Endziffer = 6
9		
	3	9 + 4 = 13 → notierte Endziffer = 3
4		

Wenn das Signalzeichen kommt, hören Sie sofort auf und beginnen mit der nächsten Spalte. Für die erste Spalte haben Sie 20 Sekunden, für die zweite Spalte 15 Sekunden, für die dritte bis siebte Spalte jeweils 10 Sekunden zur Verfügung.

Rechenblatt

20 sec	15 sec	10 sec	10 sec	10 sec	10 sec	10 sec
2	6	9	4	3	4	3
1	4	8	5	9	8	6
6	7	4	8	1	5	2
9	7	5	3	7	6	7
7	6	6	9	2	9	4
5	8	3	5	3	4	1
4	6	8	1	9	7	6

Die große Qualifikationsanalyse: Wer sind Sie und was können Sie?

20 sec	15 sec	10 sec	10 sec	10 sec	10 sec	10 sec
8	4	9	1	2	5	8
7	5	8	3	9	1	7
4	7	2	9	8	4	9
8	6	1	9	3	2	4
7	7	8	4	3	7	8
4	4	3	3	7	2	1
8	7	1	6	3	3	5
2	3	8	6	7	5	8
5	5	4	7	2	2	6
9	8	8	7	4	4	9

Tipp 33: So beurteilen Sie Ihr Arbeitsverhalten unter Zeitdruck

Bei dieser Übung sind Sie sicherlich ganz schön ins Schwitzen gekommen. Aus vermeintlich simplen Rechenaufgaben baut sich unter Zeitdruck ein Stressfaktor auf, der das Konzentrations- und Leistungsvermögen der meisten Menschen im Verlauf der Zeit einschränkt. Wenn Sie sich Ihre Ergebnisse ansehen, sollten Sie zum einen Ihre Fehleranzahl und zum anderen die Anzahl der Aufgaben betrachten, die Sie gelöst haben.

Die erste Spalte kann die Mehrzahl der Menschen in der vorgegebenen Zeit leicht bearbeiten. Dann nimmt in der Regel der Fehlerfaktor zu und die Anzahl der bewältigten Aufgaben ab. Dieser Effekt wird durch die reduzierte Zeit noch verstärkt. Einen entgegengesetzten Effekt bewirkt der Übungsfaktor, der jedoch den Stressfaktor in der Regel nicht ganz ausgleichen kann. Diese Übung können Sie auch gut mit Freunden in geselliger Runde durchführen und Ihre Ergebnisse vergleichen.

2.9.5 Haben Sie ein realistisches Selbstbild?

Ein realistisches Selbstbild stellt die zentrale Grundlage für die Standortbestimmung und damit das das Self Assessment dar. Die Erfahrung zeigt, dass Menschen, die sich und ihre Fähigkeiten und Kompetenzen sehr gut kennen, in der Regel erfolgreicher sind als Menschen, die sich abseits der Realität einschätzen.

Übung 34: Entwickeln Sie eine realistische Selbsteinschätzung

Nachfolgend finden Sie einen Testbogen, auf dem Sie eine Selbsteinschätzung bezogen auf die angegebenen Kriterien und Eigenschaften vornehmen sollen. Zu einer Fremdeinschätzung kommen Sie, indem Sie Sie das Arbeitsblatt kopieren und bitten Sie Menschen aus Ihrem privaten und beruflichen Umfeld, eine Einschätzung über Sie vorzunehmen. (Der Testbogen steht Ihnen im Arbeitshilfen-online-Bereich zur Verfügung.)

Arbeitsblatt: Selbsteinschätzung/Fremdeinschätzung

Eigenschaft	schwach ausgeprägt				stark ausgeprägt		
	-3	-2	-1	0	+1	+2	+3
kann gut organisieren							
effektiv							
schnell							
ausdauernd							
belastbar							
entschlossen							
gute Fachkenntnisse							
arbeitet fehlerfrei							
einsatzbereit							
begeisterungsfähig							

Die große Qualifikationsanalyse: Wer sind Sie und was können Sie?

Eigenschaft	schwach ausgeprägt				stark ausgeprägt		
	-3	-2	-1	0	+1	+2	+3
aktiv							
gewissenhaft							
fähig zu rationalisieren							
selbstständig							
Verantwortungsbereit							
zielstrebig							
zuverlässig							
gute Auffassungsgabe							
gutes Gedächtnis							
intelligent							
konzentriert							
lernfähig							
logisch denkend							
problemlösend							
kreativ							
konfliktfähig							
ausgeglichen							
diszipliniert							
ehrgeizig							
aufgeschlossen							
flexibel							
kontrolliert gerne							
motivierend							
objektiv							
sensibel							
teamfähig							
tolerant							
kommunikationsfreudig							

(mit freundlicher Genehmigung von Jutta Boenig, www.Boenig-Beratung.de)

Tipp 34: So entwickeln Sie eine realistische Selbsteinschätzung

Haben sich Ihr Selbstbild und das Fremdbild, das Sie von Ihren Auskunftspersonen erhalten haben, in großen Teilen gedeckt oder gab es enorme Abweichungen?

Wenn es große Abweichungen zwischen Selbst- und Fremdbild gab, sollten Sie die betreffenden Kategorien kritisch hinterfragen. Sprechen Sie mit den Menschen, die zu einer anderen Einschätzung als Sie gekommen sind, und lassen Sie sich möglichst anhand konkreter Beispiele erklären, wie sie diese begründen.

2.9.6 Wie werden Sie von anderen gesehen?

Wichtig ist in jedem Fall, dass Sie durch dieses Feedback auch das Fremdbild kennen, das andere von Ihnen haben, um einschätzen zu können, wie Sie von anderen wahrgenommen werden. Versuchen Sie in diesem Zusammenhang nicht, andere zu überzeugen oder zu „bekehren", dass Sie ja eigentlich ganz anders sind oder eine andere Absicht mit Ihrem Verhalten verfolgen. Entscheidend ist nicht, welche Vorstellung Sie haben, sondern was beim Gegenüber ankommt. Nehmen Sie das Fremdbild sehr aufmerksam auf und überlegen Sie, ob Sie durch eine Änderung Ihres Verhaltens eine Veränderung der Fremdwahrnehmung anstreben wollen.

2.10 Ihr Qualifikationsprofil: Sehen Sie sich in Ihrer Gesamtheit

Mittlerweile haben Sie sich und Ihre Kompetenzen anhand der zahlreichen Übungen schon sehr gut kennengelernt. Jetzt geht es darum, alle Aspekte zusammen zu führen. Das Qualifikationsprofil ist hierfür eine gute Möglichkeit.

Abbildung 19: Qualifikationsprofil

Die meisten der Begrifflichkeiten sind Ihnen bei der Bearbeitung des Buches bereits vorgestellt und auch beschrieben worden. Zwei weitere Aspekte möchte ich Ihnen als Abrundung Ihres Qualifikationsprofils noch vorstellen.

Interdisziplinäre Kompetenz: Bei dieser Kompetenz handelt es sich aus einer Mischung aus Fachkompetenz, Erfahrung, sozialer Kompetenz und Methodenkompetenz. Sie beschreibt die Fähigkeit, sich in einem beruflichen Umfeld zu bewegen, das von hoher Komplexität geprägt ist. Zum Beispiel, wenn von Ihnen die Fähigkeit gefordert wird, mit Menschen ganz unterschiedlicher Fachrichtungen zusammenzuarbeiten und sich auf deren fachliche Aspekte, Herangehensweisen und Bewertungen einzulassen.

Interdisziplinäre Teams werden immer häufiger gebildet, um Fragestellungen aus unterschiedlichen Blickwinkeln zu betrachten. Wenn im Prozess der Produktentwicklung (Product Creation Process, PCP) der Entwickler zusammen mit dem Controller, dem Juristen und dem Vertriebsmitarbeiter als Projektteam arbeitet, ist diese interdisziplinäre Kompetenz besonders gefragt.

Kontakte und Netzwerke: Sicherlich haben Sie sich gewundert, dass als weiterer Aspekt Ihrer Qualifikation Kontakte und Netzwerke genannt werden. Letztendlich sind diese für einen potenziellen Arbeitgeber von hoher Bedeutung. Insbesondere bei Vertriebspositionen spielen sie eine zentrale Rolle, wenn es darum geht, ob Sie mögliche Kunden mitbringen können. So sollten Sie auf die Frage nach Kundenkontakten auch im Vorstellungsgespräch vorbereitet sein. Doch auch im Arbeitsalltag können Ihnen Kontakte und Netzwerke sehr hilfreich sein, um Informationen oder Empfehlungen zu erhalten. Mit einem weit ausgreifenden Netzwerk bieten Sie einem Arbeitgeber nicht nur Ihre Kenntnisse und Fähigkeiten an, sondern können darüber auch auf Ressourcen anderer zurückgreifen. Die Amerikaner nennen das: „Buy one get one and a half". (Stelle einen Mitarbeiter ein und bekomme durch ihn das Wissen und die Erfahrung eines halben weiteren Mitarbeiters.) Mehr zum Thema Kontakte und Netzwerke finden Sie in Kapitel 4.1.2.

Übung 35: Erstellen Sie Ihr individuelles Qualifikationsprofil

Erstellen Sie Ihr ganz eigenes Qualifikationsprofil. Nutzen Sie dazu die Abbildung (siehe oben) und ergänzen Sie Qualifikationen, heben Sie hervor oder streichen Sie sie, so dass ein Bild mit Ihren eigenen Qualifikationen entsteht. (Die Vorlage steht Ihnen im Arbeitshilfen-online-Bereich zum Download zur Verfügung.)

Tipp 35: Qualifikationen mit Beispielen belegen

Belegen Sie alle Aspekte, die Sie beschreiben mit einem Beispiel, wie Sie es für die Fachkompetenzen bereits in Übung 3 gemacht haben. Jetzt sollten Sie einen bunten Blumenstrauß an Qualifikationen gesammelt haben. Wenn Sie sich Ihr Qualifikationsprofil nun anschauen, was kommt Ihnen in den Sinn? Sind Sie selbst überrascht, was Sie alles an Fähigkeiten und Kompetenzen besitzen? Sind Sie sogar ein wenig stolz darauf, was Sie alles anzubieten haben? Sehr schön, denn nur wenn Sie ein realistisches Bild von sich selbst haben und davon überzeugt sind, dass Sie für einen Arbeitgeber ein guter Mitarbeiter sind, der einiges anzubieten hat, haben Sie auch die richtige Grundhaltung, um sich im Rahmen des Selbstmarketings adäquat zu präsentieren.

Eine weitere Übung wollen wir daher direkt anschließen. Die folgende Übung führt Ihnen Ihre wesentlichen Erkenntnisse klarer vor Augen:

Übung 36: Stellen Sie Ihr Gesamtbild auf einer DIN-A4-Seite dar

Fassen Sie auf einer DIN-A4-Seite Ihre wesentlichen Kompetenzen und Eigenschaften zusammen. Darin sollten auch vorhandene Defizite, die Sie im Rahmen der Standortbestimmung herausgearbeitet haben, enthalten sein.

▶ **BEISPIEL: Rüdiger Hohmann, Diplom-Kaufmann**

Ich bin ein berufserfahrener Diplom-Kaufmann mit fundierten Kenntnissen im Bereich Marketing und Vertrieb. Aufgrund meiner mehrjährigen Tätigkeit im Vertrieb von Premium-Markenartikeln in der Körperpflegeindustrie besitze ich einen guten Überblick über die unterschiedlichen Anbieter und ihre Marktanteile. Ferner verfüge ich über ein sehr verlässliches Kontaktnetzwerk. In meiner derzeitigen Tätigkeit als Produktmanager für Haarpflegeprodukte kann ich erfolgreiche Kampagnen zur Markteinführung vorweisen.

Das Zusammenspiel der unterschiedlichen Bereiche im Unternehmen hat mir dabei immer besonders viel Spaß gemacht. Ich muss nur aufpassen, dass ich die Belange der technischen Bereiche wie Entwicklung und Produktion ausreichend berücksichtige. Ich besitze als Projektleiter Erfahrung in der Übernahme eines Wettbewerbers und dessen Produktportfolios und bin mit allen gängigen Marktforschungstools gut vertraut. Ich habe festgestellt, dass ich immer dann besonders erfolgreich arbeite, wenn ich stark unter Druck stehe. Ich arbeite teamorientiert und pflege einen kooperativen Führungsstil. Kritisch ist es, wenn ich Mitarbeiter habe, deren Engagement ich für zu gering halte. Ich versuche dann nicht, mögliche Ursachen in Erfahrung zu bringen, sondern neige dazu, die Menschen zu sehr unter Druck zu setzen. Hier sollte ich noch an mir arbeiten. Ich habe gelernt, mich in meinem Arbeitsverhalten zu strukturieren, damit mein Handeln für andere nachvollziehbar ist. Seit ich in einer Führungsposition bin und eine Assistentin habe, die mir administrative Dinge abnimmt, kann ich mich wesentlich besser und zielorientierter auf meine Aufgaben konzentrieren.

Es macht mir Spaß, meine Ideen vor einer großen Zahl von Menschen zu präsentieren. Ich fühle mich in meiner derzeitigen Tätigkeit ganz wohl, spüre aber, dass ich innerhalb des nächsten Jahres einen Wechsel anstreben sollte, um nicht zu sehr in Routine zu verfallen. Einen Branchenwechsel, bei dem ich wieder in ein Unternehmen mit Premium-Marken wechsle, könnte ich mir gut vorstellen. Ich kenne mich aus privatem Interesse recht gut in der Sportartikelbranche aus. Das könnte ein mögliches Feld sein. Allerdings würde mich auch eine breitere Verantwortung, z. B. als Leiter des Vertriebs, reizen. Hierzu müsste ich mich noch intensiver mit Themen wie Customer-Relations-Management (CRM) oder unterschiedlichen Vertriebssystemen beschäftigen.

Tipp 36: So stellen Sie Ihr Gesamtbild auf einer DIN-A4-Seite dar

Haben Sie Ihre Bestandsaufnahme auf einer Seite hinbekommen? Wichtig ist dabei, dass Sie den Fokus auf Ihre vorhandenen Kompetenzen und Fähigkeiten legen und nicht Ihre Defizite in den Mittelpunkt stellen. Ich erlebe immer wieder, dass Menschen sich nur an dem festbeißen, was sie nicht können, und viel zu wenig darüber sprechen, welche Qualifikationen und Fähigkeiten sie besitzen. Diese Übung ist auch eine gute Grundlage für die Erstellung eines Qualifikationsprofils oder einer Kurzpräsentation. Darüber werden wir im Kapitel 4 „Selbstmarketing" noch intensiver sprechen.

! **Zusammenfassung: Das sollten Sie in diesem Kapitel erreicht haben**

Sie haben nach Durcharbeitung dieses Kapitels mehr über Ihre Persönlichkeit erfahren. Mittels der Trioing-Technik haben Sie sich Eigenschaften anhand konkreter Beispiele aus der Vergangenheit bewusst gemacht. Sie haben sich mit Ihrer Kreativität beschäftigt und mehr darüber erfahren, welchen Stellenwert klassische Tugenden wie Pünktlichkeit und Zuverlässigkeit in Ihrem Leben haben. Sie wissen besser, wie Sie mit neuen Situationen umgehen und in welchen Bereichen Ihre geistige Flexibilität besonders ausgeprägt ist. Der Test zur Belastbarkeit sowie die Analyse des Selbst- und Fremdbildes runden Ihr Bild über Ihre Persönlichkeit und Ihre Wirkung auf andere ab. Und schließlich können Sie nun mit Hilfe des Qualifikationsprofils alles, was Sie anzubieten haben, auf einen Blick darstellen.

3   Persönliche Planung: Wo wollen Sie hin?

3.1   Ihre beruflichen Ziele

Bisher haben wir uns im Rahmen der Standortbestimmung mit Ihren Fähigkeiten und Qualifikationen intensiv beschäftigt. Jetzt geht es um den Blick nach vorne. Wenn Sie sich mit Ihren Zielen beschäftigen, stellen Sie sich die Frage, was Sie eigentlich mit Ihren Fähigkeiten und Qualifikationen erreichen wollen. Indem Sie diese „zielgerichtet" einsetzen, versuchen Sie das Beste daraus zu machen. Dazu sollten Sie aber auch wissen, was Sie eigentlich antreibt und was Sie anstreben. Wie heißt der schöne Spruch: Wer nicht weiß, wohin er will, muss sich nicht wundern, wenn er nicht ankommt.

Wir wollen uns daher im ersten Schritt näher damit beschäftigen, was Sie wirklich motiviert sprich, was Sie antreibt.

3.2   Wie steht es um Ihre Motivation?

Motivation, der innere Antrieb, ist ein wichtiger Faktor für Ihre private wie berufliche Zielerreichung und Ihre persönliche Zufriedenheit. Dieses Energiepotenzial, das Ihnen für Ihre Aktivitäten zur Verfügung steht, hängt von zahlreichen Faktoren ab. Sicherlich spielt die Tagesform eine Rolle. Im Wesentlichen sind es jedoch Ihre Werte, die Sie besitzen und für die es sich Ihrer Meinung nach lohnt, Energie aufzuwenden.

Übung: 37: Lernen Sie Ihre Motivatoren und Ihre Werte kennen

Bitte beantworten Sie die nachfolgenden fünf Fragen. In der ersten Frage geht es darum, Prioritäten zu erkennen, bei den folgenden vier handelt es sich um Ja/Nein-Fragen.

Frage 1: Kennen Sie die Faktoren, die Sie am meisten motivieren? Bringen Sie die nachfolgenden Motivationsfaktoren in die für Sie geltende Reihenfolge. Beginnen Sie mit dem Faktor, der die höchste Bedeutung und den größten Einfluss für Sie hat.

Persönliche Planung: Wo wollen Sie hin?

Anerkennung in Form von Lob oder Auszeichnung	
Disziplin	
Einfluss	
Erfolg	
Fairness	
Familie	
Flexibilität	
Fortschritt	
Freie Zeiteinteilung	
Freude	
Geborgenheit	
Geld	
Gemeinschaft	
Gewinn	
Gutes Aussehen	
Harmonie	
Ideelle Werte schaffen können	
Innovation	
Körperliche Fitness und Wohlbefinden	
Leistungsfähigkeit	
Liebe	
Macht und Einfluss	
Prestige	
Qualität	
Reputation und öffentliches Ansehen	
Sicherheit	
Sicherheit	
Sinnhaftigkeit	
Spiritualität	

Statussymbole wie Autos
Technischer Fortschritt durch Erfindungen und Patente
Titel
Toleranz
Umsatzsteigerungen
Unabhängigkeit
Verantwortung
Zugehörigkeit

Frage 2: Fällt es Ihnen morgens oft schwer, aufzustehen und zur Arbeit zu gehen?

Frage 3: Leiden Sie oft unter einer Antriebsschwäche und Lustlosigkeit?

Frage 4: Sehen Sie in dem, was Sie tun, oft keinen Sinn?

Frage 5: Würden Sie gerne Veränderungen in Ihrem Leben haben, aber es fehlt Ihnen die Energie, diese aktiv zu bewirken?

Tipp 37: So lernen Sie Ihre Motivatoren kennen

Haben Sie bei Frage 1 eine Prioritätenliste erstellen können? Wenn ja, überlegen Sie sich bitte, was Sie im Hinblick auf diese Motivationsfaktoren in Ihrem Leben bisher schon zu tun bereit waren. Wann ist es Ihnen besonders leicht gefallen, motiviert an die Arbeit zu gehen? Gibt es ein bestimmtes Muster oder einen bestimmten Rhythmus, wie sich Ihre Motivationskurve gestaltet? Wie gestaltet sich Ihre derzeitige berufliche Situation und in wie weit passen Ihre Motivationsfaktoren hierzu?

Haben Sie auf die Fragen 2 bis 5 häufig mit Ja geantwortet? Dann sollten Sie intensiv darüber nachdenken, worin die Ursachen für Ihre Unzufriedenheit liegen könnten. Viele Menschen befinden sich in einem Teufelskreis. Sie haben keinen Spaß an dem, was Sie tun, oder Sie sehen keinen Sinn darin. Weil sie lustlos an die Sache gehen, stellen sich auch keine Erfolgserlebnisse ein und der Frust wird immer größer, die Motivation sinkt immer mehr.

Viele Karriereberatungskunden, die zu mir kommen und einen relativ sicheren Arbeitsplatz haben, suchen eine Veränderung, weil sie mit der aktuellen Situation unzufrieden sind. Die Arbeit macht ihnen schon seit längerer Zeit keinen Spaß mehr, sie haben das Gefühl, auf der Stelle zu treten. Wenn man sie dann darauf anspricht, warum sie nicht schon lange versucht haben, eine Änderung zu bewirken, kommen häufig zwei Argumente:

- Die materielle Sicherheit aufgrund des geregelten Einkommens und
- Ratlosigkeit hinsichtlich einer alternativen Tätigkeit.

Geld ist bewusst oder unbewusst ein hoher Motivationsfaktor und kann häufig auch zum Hemmschuh für Veränderungen werden. Die Sicherheit, beispielsweise jeden Monat 3.000,– Euro auf das Konto überwiesen zu bekommen, bremst die Motivation für eine Veränderung aus.

Das zweite Argument, die Ratlosigkeit im Hinblick auf gangbare Alternativen, führt viele Menschen zu einem Karriereberater, der auf der Grundlage einer Standortbestimmung dabei helfen kann, neue Perspektiven zu entdecken. Es ist für mich als Karriereberaterin das schönste Gefühl, miterleben zu können, wie Menschen plötzlich sich und ihre Fähigkeiten neu oder teilweise zum ersten Mal entdecken und neue Kraft und Motivation finden, ihr Leben aktiv zu gestalten. Indem Sie dieses Coachingprogramm durchführen, bewegen Sie sich genau auf diesem Weg.

3.3 Wie sieht Ihre nächste berufliche Zielposition aus?

Auf der Grundlage der Qualifikationsanalyse sollten Sie nun überlegen, wie Ihr nächstes berufliches Ziel aussehen könnte. Denken Sie dabei bitte nicht nur daran, welche hierarchische Position oder welches Einkommen Sie anstreben. Im Folgend können Sie eine Zieleplanung durchgehen, die Ihnen helfen kann, Ihre berufliche Zieleposition näher zu definieren.

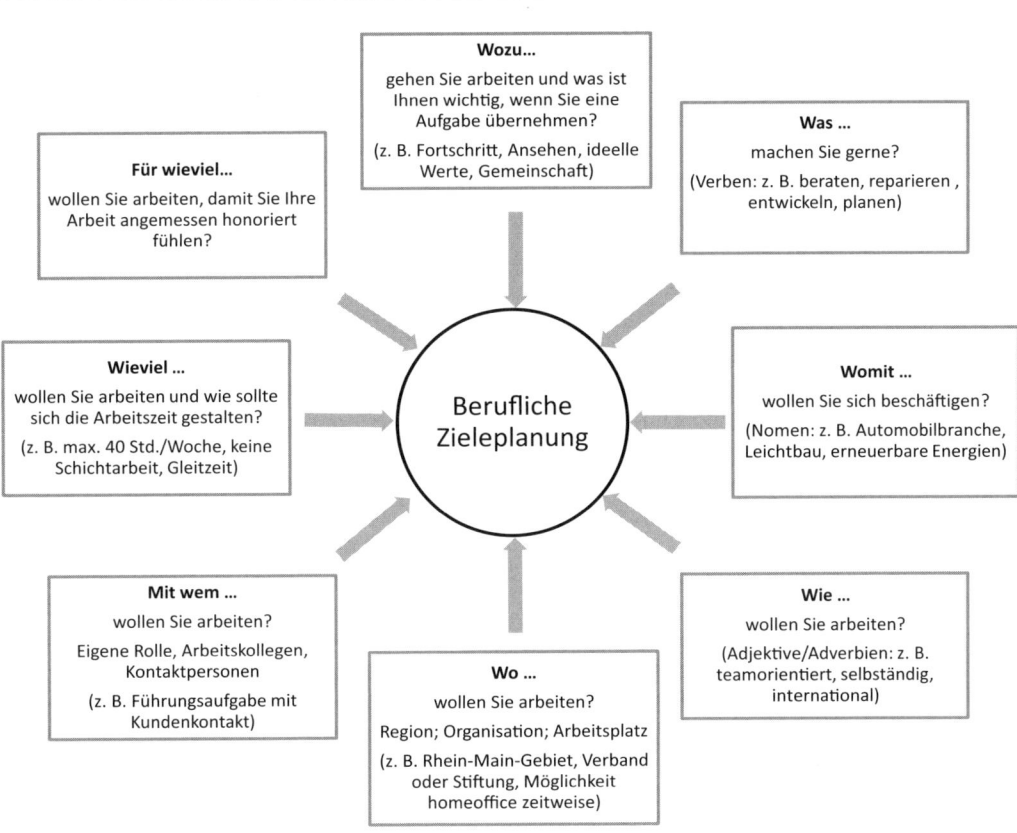

Abbildung 20: Zieleplanung

Wir gehen die Punkte auf dem Weg zur beruflichen Zielposition einzeln durch und vertiefen die Fragen. Wir beginnen rechts oben.

Was? Es geht darum zu hinterfragen, welche Tätigkeiten Sie besonders gerne ausüben. Welche Tätigkeit lässt sie die Zeit vergessen? Sammeln Sie Verben, die diese Tätigkeiten näher beschreiben.

Womit? Nun sollten Sie sich Gedanken machen, mit welchen Themen Sie sich gerne beschäftigen. Gibt es bestimmte Branchen, die Sie besonders interessieren. Welche Fachthemen bei Zeitschriften und Büchern sind für Sie besonders spannend?

Wie? Welche Rahmenbedingungen sind für Sie besonders wichtig? Fühlen Sie sich in einem internationalen Team wohl? Haben Sie gerne einen großen Freiraum, was Ihre Tätigkeiten betrifft? Oder fühlen Sie sich wohler, wenn Sie einen klar definierten Rahmen haben?

Persönliche Planung: Wo wollen Sie hin?

Wo? Haben Sie klare regionale Präferenzen oder auch Begrenzungen? Welche Organisationsformen bevorzugen Sie? Wollen Sie in einem Wirtschaftsunternehmen, einer Beratung oder einem Verband arbeiten? Bevorzugen Sie einen Konzern oder ein kleines mittelständisches Unternehmen? Wie sollte Ihr Arbeitsplatz aussehen? Wollen Sie am liebsten in einem Büro, einer Werkstatt, vor Ort bei Kunden oder an wechselnden Arbeitsorten tätig sein?

Mit wem? Hier geht es um Ihre berufliche Rolle und das konkrete Arbeitsumfeld mit dem Sie zu tun haben. Wollen Sie Mitarbeiterverantwortung oder lieber eine Sachbearbeiter- bzw. Referententätigkeit? Wünschen Sie sich direkten Kundenkontakt? Arbeiten Sie lieber mit Menschen, die einen vergleichbaren fachlichen Hintergrund wie Sie haben oder ist es für Sie besonders reizvoll mit ganz unterschiedlichen Menschen aus verschiedenen Fachrichtungen zusammenzuarbeiten? Stehen Sie lieber an vorderer Front, oder bewegen Sie sich lieber im Hintergrund?

Wieviel? Nun geht es um die Arbeitszeit und deren Lage innerhalb eines Tages, einer Woche. Sind Sie bereit auch außerhalb Ihrer Arbeitszeit für Ihren Chef ansprechbar zu sein oder wollen Sie klare Grenzen zwischen Arbeit und Freizeit?

Für wieviel? Sicherlich werden Sie nicht abgeneigt sein, mehr zu verdienen. Die Frage ist, welches Einkommen aus Ihrer Sicht angemessen ist für Ihre Arbeit. Wann fühlen Sie sich für Ihre Leistung fair honoriert? Die Frage können sie sich auch anders stellen: Wieviel sollten Sie auf jeden Fall verdienen, um Ihren Verpflichtungen gerecht werden zu können bzw. Ihren gewünschten Lebensstandard zu halten?

Wozu? Hier geht es um die Frage nach dem Sinn. Die Mehrzahl der Berufstätigen arbeitet sicherlich, um sich den Lebensunterhalt zu verdienen. Wie sähe es aber aus, wenn Sie finanziell unabhängig wären und auf das Einkommen nicht angewiesen wären? Was müsste Ihnen dann eine berufliche Tätigkeit bieten, damit Sie diese trotzdem ausübten. Hier spielen Ihre Werte und Ihre Motivatoren eine wichtige Rolle.

Nachfolgend noch weitere Fragen, die Ihnen bei der Erstellung Ihrer Zieleplanung helfen können.

- Welche inhaltlichen Aufgaben möchte ich bearbeiten?
- Welche Qualifikationen und Fähigkeiten möchte ich neu dazulernen können?
- Möchte ich eher in einer Linienaufgabe arbeiten oder stärker projektbezogen?
- Will ich in ein Team eingebunden sein oder sehr individuell und selbstständig arbeiten?
- Strebe ich eine Festanstellung an oder möchte ich lieber freiberuflich arbeiten?
- Suche ich eine Voll- oder eine Teilzeitstelle?
- Möchte ich an einem festen Arbeitsplatz tätig oder viel unterwegs sein?
- Soll die Position mit Budgetverantwortung verbunden sein?

- Ist es mir wichtig, Handlungsvollmacht bzw. Prokura zu bekommen?
- Habe ich eine bestimmte Branchenpräferenz?
- Fühle ich mich eher in einem mittelständischen Unternehmen oder eher in einem internationalen Großkonzern wohl?
- Wie groß ist der Radius von diesem Standort aus, der für mich noch in Frage kommt?
- Ist mir ein Fixgehalt wichtig?
- Strebe ich einen variablen Gehaltsanteil an, um die Leistung stärker zum Ausdruck zu bringen?
- Wo liegt beim Gehalt meine Schmerzgrenze, wenn sonst alles stimmt?
- Auf welche Nebenleistungen lege ich besonderen Wert? (Firmenwagen, betriebliche Altersversorgung, Mobiltelefon …)
- Was wären Kriterien, aufgrund derer ich eine Position auf keinen Fall annehmen würde?

Lesen Sie im folgenden Text, wie Christina Michels ihre nächste berufliche Zielposition beschreibt.

▶ **BEISPIEL: Christina Michels, Sachbearbeiterin**

Christina Michels ist 36 Jahre und gelernte Bankkauffrau. Sie schließt in wenigen Wochen die Ausbildung zur Bilanzbuchhalterin ab, die sie berufsbegleitend absolviert hat. Derzeit ist sie als Sachbearbeiterin bei einem Finanzdienstleistungsunternehmen tätig. Sie hat ihr nächstes berufliches Ziel anhand der nachfolgenden Kriterien beschrieben:

Kriterien	Ziele
Tätigkeit	Bilanzbuchhalterin, gesamter Kreditoren- und Debitorenbereich, Bilanzabschlüsse nach IAS und US-GAAP, internationales Umfeld
Arbeitsform und -zeit	Festanstellung, bevorzugt Teilzeit Viertagewoche, begrenzte Reisetätigkeit zur Konsolidierung von ausländischen Betriebsteilen
Verantwortungs-bereich	Referentenstelle oder Teamleitung mit maximal drei Mitarbeitern
Branche	flexibel, industrielles Umfeld
Unternehmens-größe	mittelständischer Betrieb ab 400 Mitarbeiter oder Tochtergesellschaft in einem Konzern
Region	Rhein-Main-Gebiet und 60 km Umkreis
Jahreseinkommen	Minimum: 60.000,– Euro
Nebenleistungen	betriebliche Altersversorgung, Firmenwagen
K.-o.-Kriterien	japanisches oder südkoreanisches Unternehmen, Dienstreisen nach Asien

---

Übung 38: Gewinnen Sie klare berufliche Zielvorstellungen

Jetzt sind Sie an der Reihe: Beschreiben Sie Ihre nächste berufliche Zielposition. Sie können dabei auf die Kriterien der Zieleplanung in unserer Graphik zurückgreifen oder sich an dem Beispiel von Christina Michels orientieren. Entscheidend ist, dass Sie für sich ein Bild entwickeln, das die für Sie wichtigen Kriterien einer zukünftigen Tätigkeit beinhaltet. Dieses kann dann als Orientierung und Bewertungsmaßstab dienen, wenn es darum geht, ein konkretes Stellenangebot dahingehend zu beurteilen, ob es zu Ihren Vorstellungen einer zukünftigen Arbeitsstelle passt. Dabei geht es nicht darum, nur auf den „Traumjob" zu warten sondern klar zu überlegen, welche Kompromisse für Sie tatsächlich akzeptabel sind.

Tipp 38: So gewinnen Sie klare berufliche Zielvorstellungen

Haben Sie ein deutliches Bild vor Augen, wie Ihre nächste berufliche Zielposition aussehen soll? Vielen Menschen fällt es schwer, die Anforderungen, die sie an ihre nächste Position stellen, so konkret zu formulieren. Ein erster Schritt kann darin bestehen, einige zentrale Muss-Anforderungen und K.-o.-Kriterien zu definieren, um auf dieser Grundlage Ihren Fokus herauszuarbeiten. Vielleicht haben Sie zwei oder drei verschiedene Zielpositionen, die Sie sich vorstellen können. Dann versuchen Sie, jede dieser Positionen möglichst konkret zu beschreiben.

Grundsätzlich können sich bei der Definition Ihres nächsten beruflichen Ziels vier Szenarien ergeben:

- Sie möchten in Ihrem bisherigen Unternehmen bleiben und sich durch die Übernahme einer neuen Aufgabe weiterentwickeln.
- Sie möchten den Arbeitgeber wechseln, jedoch in der Branche oder im Funktionsbereich bleiben.
- Sie möchten sich beruflich neu orientieren und Ihre berufliche Ausrichtung ändern.
- Sie möchten sich als Existenzgründer selbstständig machen.

Wir werden uns in Kapitel 5 „Berufliche Möglichkeiten: Wie geht es weiter?", mit allen vier Alternativen näher beschäftigen und die wesentlichen Schritte aufzeigen, wie Sie Ihre Ziele verfolgen können.

3.4   Persönliche Karriereplanung

Berufliche Ziele sind immer auch in einen größeren Kontext eingebunden, d.h., Sie können diese nicht losgelöst von bestimmten Rahmenbedingungen betrachten.

Wenn Sie Ihre nächste berufliche Position anstreben, sollten Sie auch darüber nachdenken, was Ihre mittelfristigen Ziele sind. Damit reden wir über das Thema Karriereplanung. Letztendlich heißt „Karriere" nichts anderes, als seinen individuellen beruflichen Weg zu finden.

- Welche Tätigkeiten möchten Sie mittelfristig ausüben?
- In welcher Branche und an welchen Themen möchten Sie arbeiten?
- Möchten Sie im Außendienst oder Innendienst arbeiten?
- In welcher Region möchten Sie vorzugsweise arbeiten?
- Streben Sie eine Führungsposition an?
- Möchten Sie sich mittelfristig selbstständig machen?

Ihre nächste berufliche Position sollte Sie Ihren mittel- und langfristigen Karrierezielen zumindest einen kleinen Schritt näherbringen. Dabei sollten Sie sich auch überlegen, welche Weiterqualifizierungen sinnvoll und notwendig sind, um die angestrebten Ziele erreichen zu können.

Hier kann Ihnen die kompetente Begleitung durch einen Karriereberater sehr hilfreich sein. Der Blick von außen ermöglicht es Ihnen, Zusammenhänge zu erkennen und sinnvolle Schritte zu planen.

Wenn wir über Karriereplanung sprechen, so ist diese in den größeren Rahmen Ihrer Lebensplanung eingebunden. Insbesondere wenn Sie in einer Partnerschaft leben bzw. eine Familie haben, heißt es immer die Interessen der anderen mit zu berücksichtigen. Ihr Traum ist es einige Jahre im Ausland zu leben und zu arbeiten? Dies hat direkte Konsequenzen für Ihre Angehörigen. Suchen Sie deshalb das offene Gespräch und tauschen Sie sich über Ihre gegenseitigen Vorstellungen und Wünsche aus. Nur so lassen sich konkrete Lösungsansätze finden, die für alle Beteiligten akzeptabel sind.

- Wie stellen sich mein Partner/meine Partnerin und ich unser weiteres gemeinsames Leben vor?
- Wo wollen wir leben?
- Wie können wir unsere beruflichen und privaten Vorstellungen harmonisch verbinden?
- Wie können wir heute unsere finanzielle Absicherung im Alter sicherstellen?

Persönliche Planung: Wo wollen Sie hin?

Ihre Lebensplanung ist wiederum direkt an Ihre persönlichen Werte gebunden. Wenn Sie am Ende Ihres Lebens zurückblicken würden, was möchten Sie dann erreicht haben? Folgende Fragen können helfen, mehr Klarheit zu bekommen:

- Was ist für mich besonders erstrebenswert?
- Wofür möchte ich meine Energie einsetzen?
- Ist es mir wichtig, zum technischen Fortschritt beizutragen?
- Möchte ich in erster Linie Ansehen und Ruhm erlangen?
- Möchte ich möglichst viel Geld erwirtschaftet haben?
- Möchte ich die Lebensbedingungen von Menschen in Entwicklungsländern verbessern?
- Möchte ich meiner Familie ein schönes Leben ermöglichen?

Sicherlich wird Ihr nächster beruflicher Schritt nicht gleichbedeutend mit der Erreichung Ihres Lebensziels sein. Es ist jedoch sinnvoll zu jedem Veränderungszeitpunkt darauf zu schauen, ob Sie dieser Schritt ein kleines Stück Ihren wirklichen Zielen näher bringt.

Sie sagen, ich weiß heute noch nicht, was ich in 10, 20 oder 30 Jahren machen möchte und was mir dann wichtig ist? Natürlich können Sie immer nur von Ihren heutigen Vorstellungen ausgehen. Daher sind diese Überlegungen auch ein kontinuierlicher Prozess, der Ihre jeweiligen veränderten Ziele und Wünsche und Rahmenbedingungen berücksichtigen sollte und die weiteren Schritte daran ausrichtet.

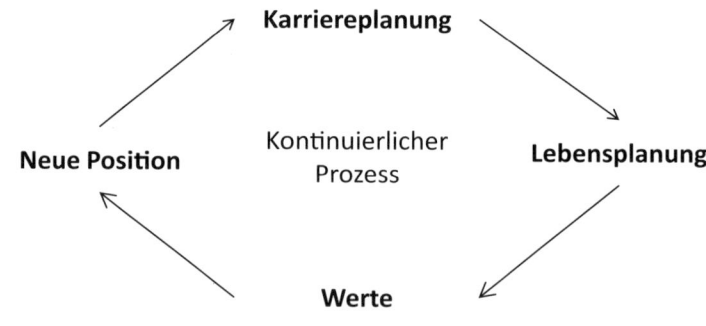

Abbildung 21: Karriereplanung als kontinuierlicher Prozess

Übung 39: Ein Tag in meinem Leben in fünf Jahren

Beschreiben Sie möglichst konkret einen Tag in Ihrem Leben, wie Sie sich ihn in fünf Jahren wünschen. Diese Vision sollte ein möglichst typischer Tag sein, der viele Elemente enthält, die Sie in Ihrer Wunschvorstellung bildlich vor sich haben.

BEISPIEL: Ein Tag im Leben von Rüdiger Hofmann in 5 Jahren

Rüdiger Hofmann hat sich entschlossen, sich selbstständig zu machen. Er war bisher in einem Unternehmen tätig, das Anlagen für die alternative Energiegewinnung und -nutzung produziert. Er besitzt solides technisches und kaufmännisches Fachwissen und kann gut auf Menschen zugehen, sodass ihm auch der vertriebliche Aspekt seines zukünftigen Arbeitsfeldes nicht schwer fällt. Seine Geschäftsidee besteht darin, Unternehmen und private Hausbesitzer im Hinblick auf den Einsatz alternativer Energien zu beraten, Komplettangebote zu erstellen und die Projekte in Zusammenarbeit mit Herstellern selbst zu realisieren und zu begleiten. Hier ist seine Geschichte, wie er sich einen Tag in fünf Jahren vorstellt:

Ich stehe um 6.30 Uhr auf, frühstücke gemeinsam mit meiner Frau und meinen beiden Kindern und lese dann zunächst die Tageszeitung. Gegen 8 Uhr gehe ich in mein Büro, das ich in meinem Wohnort eingerichtet habe, um Fahrzeiten zu sparen. Das Büro hat eine gute Verkehrsanbindung, ist hell und freundlich eingerichtet und bietet auch Platz, um Beratungsgespräche mit Kunden in einer angenehmen Atmosphäre durchführen zu können. Es ist mir gelungen, den Besitzer des Bürogebäudes vom Einsatz alternativer Energiequellen zu überzeugen, sodass ich den Kunden im Gebäude bereits konkrete Anwendungsbeispiele zeigen kann. Ich habe zwei Mitarbeiter, einen Techniker und einen Kaufmann, mit denen ich mich morgens zunächst abstimme, welche Projekte konkret an diesem Tag bearbeitet werden sollen. Meine Frau hilft uns im Sekretariat, während die Kinder in der Schule sind. Seitdem sie wieder berufstätig ist und uns unterstützt, ist sie wesentlich zufriedener geworden, was sich auch positiv auf unsere Ehe ausgewirkt hat.

Ich selbst habe an diesem Tag eine wichtige Präsentation bei einem möglichen Großkunden. Es geht um die Umrüstung eines Zwölffamilienhauses von einer Ölheizung zu einem Blockheizkraftwerk. Ich bin gut vorbereitet, kann Referenzprojekte vorstellen und habe eine in sich schlüssige Kalkulation vorbereitet, die auch mögliche Fördermittel und steuerliche Aspekte beinhaltet. Ich denke, dass ich hieraus einen Auftrag realisieren kann. Mittags essen wir gemeinsam zu Hause, was ich ganz besonders genieße, da ich jetzt viel mehr von den Kindern und dem, was sie in der Schule beschäftigt, mitbekomme. Am Nachmittag werde ich mich mit dem Vorsitzenden des Bauausschusses unserer

Gemeinde treffen, um über ein Konzept für unsere Gemeindehalle zu sprechen. Da heute Mittwoch ist, gehe ich abends mit meinen Freunden joggen und anschließend als netten Tagesausklang noch ein Glas Bier trinken.

Ich bin innerhalb unserer Region als anerkannter Fachmann geschätzt und akzeptiert, mittlerweile Mitglied im Gemeinderat und konnte mir in den fünf Jahren meiner Selbstständigkeit ein breites Kontaktnetzwerk aufbauen. Ich bilde mich regelmäßig weiter, um immer auf dem neuesten Stand der Technik zu sein. Das erwarten meine Kunden schließlich von mir.

Eine gute Entscheidung, dass ich mich damals selbstständig gemacht habe. Ich bin in einem Wachstumsmarkt tätig, habe Freude an meiner Arbeit und stehe finanziell recht gut da.

So nun sind Sie an der Reihe: Versuchen Sie, sich in Ihrem Leben einen Tag in fünf Jahren vorzustellen. Ergänzen Sie Ihre Beschreibung, indem Sie tatsächlich ein Bild von dem Szenario malen, das Sie in fünf Jahren beschreiben. Malen Sie das Bild so bunt wie möglich, integrieren Sie sich in dieses Bild und tauchen Sie möglichst tief in dieses Szenario ein.

Tipp 39: Analyse: Ein Tag in meinem Leben in fünf Jahren

Wie sah Ihr Tag in fünf Jahren aus? Konnten Sie eine klare Vorstellung entwickeln? Wie sieht Ihr Bild aus, das Sie gemalt haben? Sind Sie mit dem, was Sie in fünf Jahren von sich sehen, zufrieden? Reizt es Sie, genau das zu erreichen? Dann genießen Sie noch einen Augenblick dieses gute Gefühl, bevor Sie zur nächsten Übung weitergehen.

3.5   Sind Sie in der Balance?

Persönliche Zufriedenheit hängt nicht nur davon ab, ob Sie alle Ihre beruflichen Ziele erreichen können. Dies haben wir bereits im letzten Kapitel gesehen. Letztendlich geht es um eine Ausgewogenheit in Ihrem Leben, die Sie in eine Balance bringt. Das nachfolgende magische Viereck der Life-Work-Balance vermittelt Ihnen die vier zentralen Elemente.

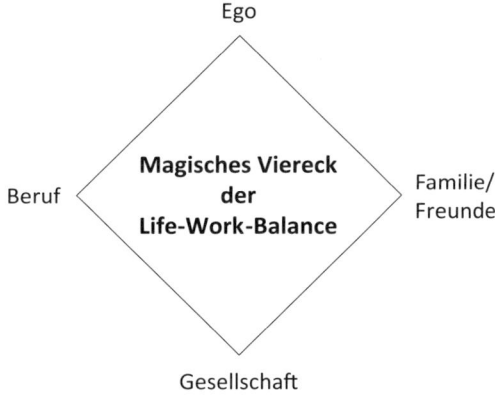

Abbildung 22: Magisches Viereck der Life-Work-Balance

Die vier Eckpunkte bilden:

Ihr Ego: Hierunter verstehen wir, was Sie für sich tun, z.B. körperliche Fitness, Wellness, Musik, ein schönes Buch lesen, einfach das, wozu Sie Lust haben und was Ihnen gut tut, womit Sie Ihre „Batterien" wieder aufladen.

Ihr Beruf: Hierunter verstehen wir die Zeit und das Engagement, die Sie für Ihre Arbeit investieren.

Familie/Freunde: Dieser Eckpunkt repräsentiert Ihr Privatleben, Ihre Familie und Ihre engsten Freunde.

Gesellschaft: Sie sind nicht nur Teil Ihrer Familie, sondern auch ein Mitglied der Gesellschaft. Dieser Eckpunkt steht für Ihr Engagement in öffentlichen Ehrenämtern oder im sozialen Bereich.

Übung 40: Befinden Sie sich in Balance?

In der Regel ist das Viereck bei den meisten Menschen nicht so gleichseitig wie im obigen Quadrat ausgeprägt. Bitte zeichnen Sie zunächst Ihr magisches Viereck, wie es sich heute für Sie darstellt. Im Anschluss zeichnen Sie bitte das Viereck so, wie Sie es sich zukünftig wünschen würden.

Tipp 40: So befinden Sie sich in Balance

Wie stellt sich Ihr Viereck heute dar? Hat einer der Bereiche eine klare Dominanz? Ist bei Ihnen beispielsweise die Achse Beruf und Familie/Freunde sehr dominant ausgeprägt?

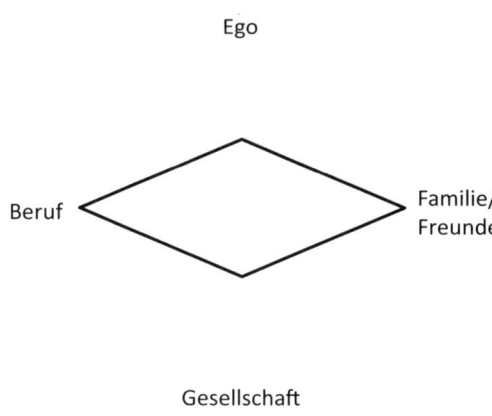

Abbildung 23: Beruf und Familie haben Vorrang

Das bedeutet, dass Sie nicht viel Zeit für Ihr Ego oder gesellschaftliches Engagement investieren, weil Sie der Beruf und die Familie voll in Beschlag nehmen. Oder sieht Ihr Viereck vielleicht aus wie das Folgende?

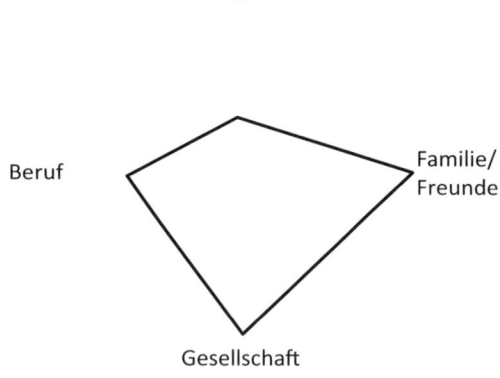

Abbildung 24: Familie und gesellschaftliches Engagement haben Vorrang

Das ist das typische Viereck junger Mütter, die für sich kaum Zeit haben, den Beruf zunächst ganz hintanstellen und vorrangig für die Familie und nebenbei ehrenamtlich im Kindergarten, in der Kirche oder im Elternbeirat tätig sind.

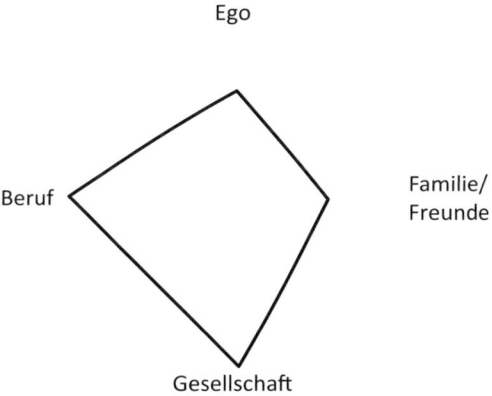

Abbildung 25: Beruf und gesellschaftliches Engagement haben Vorrang

Das ist sicherlich das Manager-Viereck, bei dem der Beruf eine ganz klare Dominanz hat und über den Beruf hinaus häufig noch gesellschaftliches Engagement in Verbänden stattfindet.

Interessant ist jetzt natürlich, wie Ihr Wunsch-Viereck im Vergleich zum Ist-Viereck aussieht. Sicherlich gibt es nicht für jeden das gleiche Wunsch-Viereck und das ist auch gut so. Sie sollten nur überlegen, was Sie tun können, um Ihre individuell angestrebte Balance zu erreichen.

Auf Dauer ist es sicherlich gefährlich, wenn ein Bereich vollkommen dominiert und andere Bereiche komplett vernachlässigt werden.

Gesunder Egoismus

Gerade beim Ego ist immer wieder festzustellen, dass Menschen, die dauerhaft sich und ihre persönlichen Bedürfnisse vernachlässigen, Probleme bekommen, beispielsweise gesundheitlicher Art wie Übergewicht oder Rückenprobleme aufgrund zu geringer Bewegung. Je mehr Sie Ihr Ego hinten anstellen, desto höher ist auch die Gefahr der Unzufriedenheit. Diese drückt sich in der Regel wieder in Ihrem Verhalten aus in Form von ständigem Lamentieren, Neid oder Erwartung von Dankbarkeit für das, was Sie alles für andere tun — keine Verhaltensweisen, die von der Umwelt positiv aufgenommen werden. So gesehen ist ein gesunder Egoismus, ein bisschen Balsam für die eigene Seele und den Körper, im Grunde ein sehr soziales Verhalten. Sie kennen sicherlich auch das Gefühl der Zufriedenheit, wenn Sie sich eine Freude gemacht oder etwas gegönnt haben. Zufriedene Menschen sind gewöhnlich angenehme Zeitgenossen, mit denen man gerne zusammen ist.

Überlegen Sie deshalb, wie Sie zu mehr Balance in Ihrem Leben kommen. Sie tun sich und Ihrer Umwelt damit etwas Gutes.

So finden Sie zu mehr Balance

- Belohnen Sie sich regelmäßig für geleistete Arbeit. Ein kleiner Spaziergang, ein Besuch im Kino oder ein schönes Buch werden Ihre Lebensgeister wieder beflügeln und Ihnen Kraft für neue Aktivitäten bringen.
- Wenn Sie zeitlich sehr eingespannt sind, versuchen Sie, Dinge miteinander zu kombinieren.
- Sport kann man auch zusammen mit Freunden oder dem Partner betreiben, das macht oft sogar mehr Spaß, und Sie tun für zwei Eckpunkte Ihres Vierecks zugleich etwas.
- Lernen Sie, Hilfe anzunehmen. Wenn Sie beruflich mehr und mehr engagiert sind, sollten Sie darüber nachdenken, wie Sie sich beispielsweise zu Hause durch externe Hilfe eine Erleichterung schaffen und somit Zeit gewinnen.
- Nehmen Sie Abschied vom Perfektionismus. Viele Menschen können nicht delegieren — weder beruflich noch privat —, weil sie denken, dass die Arbeit dann nicht in der Art und Weise oder in der Qualität verrichtet wird, wie sie es gerne hätten. Werden Sie toleranter und offen für andere Wege.
- Nutzen Sie Technik, um sich das Leben zu erleichtern. Warum müssen Sie die E-Mails an Ihrem Schreibtisch bearbeiten? Diese können Sie auch mittels Laptop, Tablett oder Smartphone auch im Garten bearbeiten. Die Flexibilität der Arbeitswelt nimmt zu. Dies können Sie sich auch zunutze machen, indem Sie beispielsweise versuchen, einen Tag in der Woche von zu Hause aus zu arbeiten. Sie werden feststellen, dass sich beispielsweise konzeptionelle Themen wesentlich besser in der ungestörten Atmosphäre daheim bearbeiten lassen als im allgemeinen Bürotrubel. Unternehmen bieten ihren Mitarbeitern zunehmend die Möglichkeit hierzu. Informieren Sie sich, ob es diesbezüglich Regelungen in Ihrem Hause gibt, oder sprechen Sie Ihren Chef gezielt darauf an.

!   **Zusammenfassung: Das sollten Sie in diesem Kapitel erreicht haben**

In diesem Kapitel haben Sie mehr Klarheit über Ihre beruflichen Ziele erhalten. Hierzu war es wichtig sich auch mit den Faktoren zu beschäftigen, die Sie motivieren. Sie haben gelernt, dass Ihre Werte dabei eine wichtige Rolle spielen. Sie haben mittels einer Zieleplanung konkrete Parameter definiert, die für Sie im Hinblick auf eine zukünftige Tätigkeit wichtig sind. Ein Blick in die Zukunft konnte Ihnen hoffentlich Appetit machen, um die angestrebten Ziele auch in Angriff zu nehmen. Schließlich haben Sie sich noch damit beschäftigt, wie Sie zu einer für Sie zufriedenstellenden Life-Work-Balance gelangen.

4 Selbstmarketing: Sie sind gut! Doch wie erfahren es andere?

Sie haben mittels dieses Coachingprogramms viel über Ihre Fähigkeiten und Ziele in Erfahrung gebracht. Um Ihre Ziele realisieren zu können, bedarf es jedoch mehr als nur Ihrer Fähigkeiten. Sie sind darauf angewiesen, dass von Ihrer Umwelt auch wahrgenommen wird, was in Ihnen steckt, und dass Sie entsprechende Akzeptanz und Unterstützung finden. Zu einem guten Produkt gehören auch immer ein überzeugendes Marketingkonzept und eine ansprechende Verpackung. Daher sollten Sie das Thema Selbstmarketing nicht vernachlässigen oder gar ganz ablehnen.

Lassen Sie uns nochmals auf den im Kapitel 1 gemachten „Potenzialverschwendungstest" eingehen und die 12 Aussagen näher beleuchten: Sofern Sie den Test nicht bereits durchgeführt haben, können Sie das selbstverständlich auch jetzt noch tun.

1. „Selbstmarketing ist nur was für Angeber!"
    Nein, Selbstmarketing ist nichts Unseriöses. Sie sollen ja nur das, was Sie auch wirklich können, für andere sichtbar machen. Sie sind keine „Mogelpackung". Stehen Sie zu Ihren Fähigkeiten und Erfolgen! Entscheidend ist, wie Sie dies tun, und genau das wollen wir in diesem Kapitel behandeln.
2. „Auf die fachlichen Leistungen kommt es in erster Linie an."
    Nein, leider nicht! Wenn Sie ehrlich sind, haben Sie das im Arbeitsalltag auch schon oft genug schmerzlich feststellen müssen. Wenn es Ihnen nicht gelingt, die Akzeptanz anderer Menschen für sich zu gewinnen und Ihre Leistungen für andere sichtbar zu machen, werden Sie nicht den Erfolg erzielen, den Sie verdienen. Lernen Sie Ihr Image positiv zu beeinflussen und Öffentlichkeitsarbeit zu leisten.
3. „Smalltalk ist mir ein Graus, ich komme lieber direkt zur Sache."
    Oft führt der Weg nicht kerzengerade zum Ziel. Gerade interkulturell haben wir Deutschen mit unserer oft zu direkten Art, ins Geschäft zu kommen schon viel Porzellan zerschlagen. Beziehungsmanagement ist das Stichwort. Sehen Sie in Ihrem Gegenüber nicht nur den Arbeitskollegen, Kunden, Chef, sondern auch den Menschen mit seinem Bedürfnis nach Wertschätzung. Fallen Sie nicht mit der Tür ins Haus, sondern achten Sie auf ein angemessenes „Warming-up".
4. „Auf Äußerlichkeiten lege ich wenig wert. Die inneren Werte zählen."
    Wir Menschen sind sehr stark visuell geprägt. Der erste Eindruck wird von dem Erscheinungsbild entscheidend bestimmt. Nicht nur die Wirkung, die Sie bei anderen erzielen, hängt davon ab, wie Sie sich präsentieren. In der Praxis zeigt

sich immer wieder, dass auch die eigene Selbstsicherheit bei den meisten Menschen stark davon beeinflusst wird. Wer weiß, dass er gepflegt aussieht und durch sein Outfit seinen Typ positiv unterstreicht, tritt selbstbewusster auf und hat damit einen Wettbewerbsvorteil.

5. „Ich arbeite mehr als meine Kollegen, aber das wird nicht honoriert."
Das ist ein echter Potenzialverschwender, wenn diese Aussage auf Sie zutrifft! Offensichtlich gelingt es Ihnen nicht, Ihre Leistung richtig zu vermarkten. Das Thema Öffentlichkeitsarbeit in diesem Kapitel wird für Sie besonders hilfreich sein.

6. „Ich habe aufgrund der vielen Arbeit, die zu erledigen ist, keine Zeit zum Plaudern."
Schade. Hier heißt es, die Prioritäten nochmals zu überdenken. Das „Plaudern" kann Sie Ihren Zielen deutlich näher bringen als das brave Abarbeiten von Routinetätigkeiten. Hier geht es um Kontakte, Informationen und Netzwerke. Wichtige Entscheidungen werden häufig „so zwischendurch" oder in informellen Runden getroffen. Schließen Sie sich hiervon nicht aus.

7. „Kontakte zu nutzen, um etwas zu erreichen, ist mir zuwider. Das hat so einen negativen Beigeschmack."
Sie setzen Kontakte mit „Seilschaften" oder wie wir Schwaben sagen mit „Vetterleswirtschaft" gleich? Warum so negativ? In den meisten Fällen haben Sie sich die Kontakte und das damit verbundene Vertrauen oder den Vertrauensvorschuss hart erarbeitet. Sie werden weiterempfohlen, wenn der Empfehlende wirklich hinter Ihnen steht und von Ihnen überzeugt ist. Schließlich trägt er das Risiko, dass seine Empfehlung schiefläuft und das dann auf ihn zurückfällt.

8. „Ich stehe nicht gerne im Rampenlicht und lasse lieber andere meine Arbeitsergebnisse präsentieren."
Schade, so werden Sie nicht die Anerkennung bekommen, die Sie aufgrund Ihrer geleisteten Arbeit verdienen. Stehen Sie zu Ihren Ergebnissen und Leistungen, sonst erhalten andere die Lorbeeren Ihrer Arbeit.

9. „Meine Kollegen wissen oft mehr als ich darüber, was in unserer Firma so läuft."
Wissen ist Macht. Indem Sie sich auf Ihre Arbeit konzentrieren und sich nicht für übergeordnete Dinge interessieren, fehlen Ihnen wichtige Informationen aus Ihrem beruflichen Umfeld. So können Sie nicht aktiv Prozesse beeinflussen sondern immer nur reagieren.

10. „Meine fachlichen Leistungen sind nachweislich sehr gut, doch bisher hat sich das nicht in meiner beruflichen Entwicklung bezahlt gemacht."
Wenn diese Aussage auf Sie zutrifft, wird es jetzt höchste Zeit, Ihre weitere berufliche Laufbahn aktiv in die Hand zu nehmen und Ihr Potenzial zu nutzen.

11. „Ich gehe nicht gerne auf andere Menschen zu."
    Nicht jeder Mensch muss extrovertiert sein und sofort sein Gegenüber in Beschlag nehmen. Wenn Sie jedoch generell Probleme damit haben, auf andere Menschen zuzugehen, ist dies ein Hemmfaktor für Ihren beruflichen Erfolg. Lernen Sie in diesem Kapitel ein paar hilfreiche Methoden, die es Ihnen leichter machen, mit Menschen in Kontakt zu kommen.
12. „Mit den Menschen, mit denen ich beruflich zu tun habe, rede ich nichts Persönliches."
    Ein paar persönliche Worte mit Kollegen zu wechseln, bedeutet nicht, mit jedem innige Freundschaft zu pflegen. Wenn Sie jedoch Ihre Vorgesetzten, Kollegen, Mitarbeiter und Kunden etwas genauer kennen, gelingt es Ihnen deren, deren Bedürfnisse zu erkennen und ihr Verhalten besser einschätzen zu können.

4.1   Wie gelingt es, sich und seine Fähigkeiten erfolgreich zu präsentieren?

Im Rahmen der Auswertung des Potenzialverschwendungstests haben wir schon eine Reihe von Aspekten angesprochen, die für das erfolgreiche Selbstmarketing von Bedeutung sind. Wie schaffen Sie es, Ihre Fähigkeiten in der Zukunft erfolgreicher zu präsentieren? Nach einer amerikanischen Untersuchung setzt sich die Einschätzung, die andere über einen Menschen haben, wie folgt zusammen.

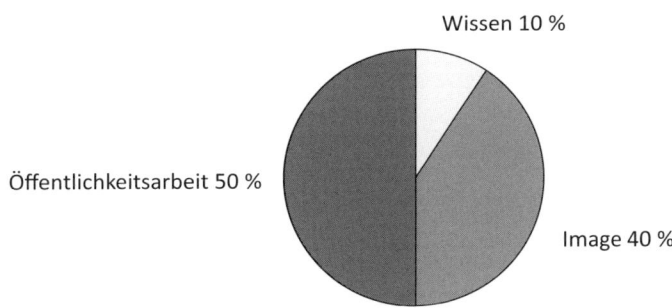

Abbildung 26: Was die Wahrnehmung anderer Menschen beeinflusst

Das tatsächliche Wissen spielt dabei nur eine sehr untergeordnete Rolle. Mit 40 % Einfluss stellt das Image einen wichtigen Einflussfaktor dar.

Image

Was verbirgt sich nun hinter diesem Begriff? Das Image ist das wahrgenommene Bild das andere Menschen von Ihnen haben. Es geht also um Ihre Wirkung auf andere.

- Was kommt Menschen in den Kopf, wenn sie an Sie denken?
- Welche Erfahrungen hat man im Umgang mit Ihnen schon gemacht?
- Welche Eigenschaften werden Ihnen zugeschrieben?
- Was traut man Ihnen zu?

Wir bilden uns tagtäglich eine Meinung über andere Menschen, wobei die Grundlage hierfür sehr unterschiedlich sein kann. Wenn wir über den „ersten Eindruck" sprechen, so wird dieser sehr stark durch visuelle Impulse bestimmt: Aussehen, Erscheinungsbild, Kleidung. Körperhaltung, Gestik, Mimik. Diesen Äußerlichkeiten werden bestimmte Eigenschaften zugeschrieben.

Der erste Eindruck kann von entscheidender Bedeutung sein, denken Sie an Vorstellungsgespräche, oder Erstkontakte mit Kunden. Daher ist es wichtig, hier die richtigen Signale zu setzen, die Ihnen gerecht werden. Es ist oft sehr schwierig und langwierig, diesen ersten Eindruck zu korrigieren. Oftmals haben Sie gar nicht die Chance dazu. Geht es um längerfristige Kontakte, spielen die Erfahrungen, die Ihr Gegenüber mit Ihnen gemacht hat eine zunehmend wichtige Rolle:

- Konnte man sich auf Sie verlassen?
- Haben Sie Terminzusagen eingehalten?
- „Verkaufen" Sie die Ergebnisse anderer unter Ihrem Namen?
- Sind Sie verschwiegen oder plaudern Sie Informationen sofort aus?

Übung 41: Welches Image habe ich?

Versuchen Sie eine realistische Vorstellung zu bekommen, welches Bild andere von Ihnen haben. Finden Sie mehr darüber heraus, welches Image Sie in unterschiedlichen Umgebungen haben (Firma, Verbandsarbeitskreis, Familie, Verein …). Suchen Sie nach Schlagwörtern, die mit Ihnen in Verbindung gebracht werden.

Die Ergebnisse aus Übung 9 (Kapitel 2.3.2) über Ihre Rolle in unterschiedlichen Gruppen (Soziogramm) sowie Übung 34 (Kapitel 2.9.5), bei der es um ein realistisches Selbstbild im Abgleich mit dem Fremdbild ging, können Sie hier sehr gut mit verwenden.

Wie gelingt es, sich und seine Fähigkeiten erfolgreich zu präsentieren?

4

Tipp 41: So überprüfen Sie Ihr Image

Welche Erkenntnisse haben Sie gewonnen? Sehen Ihre Kollegen Sie als den verschrobenen Wissenschaftler, der mit niemandem redet und nur sein eigenes Süppchen kocht? Werden Sie als „die Mutter der Nation" wahrgenommen, die immer für alle da ist und bei der man alles abladen kann? Oder sieht man Sie als den arroganten Besserwisser, der keinen Humor versteht? Welche Schlagwörter sind aufgetaucht? Was steckt hinter diesen Begriffen?

Überlegen Sie sich, ob Sie so von anderen wahrgenommen werden möchten. Sie sagen: „So bin ich doch gar nicht!" Entscheidend ist nicht, wie Sie tatsächlich sind oder glauben zu sein, sondern wie andere Sie erleben. Wenn Sie also an Ihrem Image etwas ändern möchten, sollten Sie Ihre Energie darauf verwenden, neue Akzente zu setzen:

- Überraschen Sie Menschen, indem Sie sich bewusst von dem bestehenden Image lösen.
- Bereits eine Änderung im Erscheinungsbild, eine neue Frisur, ein neues Outfit können hier Wunder bewirken.
- Wenn Sie als Einzelgänger gelten, der sich absondert, laden Sie Kollegen doch einmal zu sich ein oder schlagen Sie eine gemeinsame Aktivität vor.

Seien Sie darauf gefasst, dass Sie bisweilen auf Unverständnis oder sogar Widerstand stoßen werden, wenn Sie Veränderungen vornehmen d.h., Verhaltensweisen zeigen, die nicht mit Ihrem bisherigen Image in Einklang stehen. Waren Ihre Kollegen z.B. in der Vergangenheit gewohnt, dass Sie ganz selbstverständlich deren ungeliebte Aufgaben mit übernommen haben? Hier heißt es „Neinsagen" lernen, damit Sie Freiraum bekommen, um für Sie wichtige Aufgaben bewältigen zu können. Machen Sie keine Vorwürfe „Ihr habt mich in der Vergangenheit immer ausgenutzt", sondern sagen Sie freundlich aber bestimmt, dass Sie in der Zukunft diese Aufgaben nicht mehr machen werden. Erläutern Sie Ihren Standpunkt und schlagen Sie vor, gemeinsam nach neuen Lösungen zu suchen.

▶ **BEISPIEL: Die mit der schönen Schrift**

Sabine Jacob arbeitet als Ingenieurin bei einem Energieversorger. Sie gilt als zuverlässige, engagierte Mitarbeiterin und Kollegin. In Teamsitzungen und bei Gruppenarbeiten hat es sich schon als selbstverständlich eingebürgert, dass sie am Flipchart diejenige ist, die mitschreibt. „Du hast doch so eine schöne Schrift!". Mit diesem Argument hat sie sich bisher immer wieder in diese Rolle drängen lassen.

Als die nächste Teamsitzung anstand, hat sie zunächst wie üblich angefangen am Flipchart mitzuschreiben. Nachdem ein Themenblock abgearbeitet war, nahm sie den Stift und reichte ihn ganz gelassen dem Kollegen, der rechts außen saß mit den Worten: „Dann übernimm Du doch bitte für den nächsten Themenblock" und setzte sich auf ihren Stuhl. Der Kollege schaute zunächst irritiert und meinte, er hätte eine so schlechte Schrift, die keiner lesen könne. Indem er nun den Stift in der Hand hatte, war es nun sein Problem einen anderen Kollegen dafür zu gewinnen, an den Filpchart zu gehen, was ihm jedoch nicht gelang. Letztendlich ging er an den Flipchart und reichte nach dem nächsten Themenblock den Stift seinerseits an einen Kollegen weiter.

4.1.1   Öffentlichkeitsarbeit

Die Öffentlichkeitsarbeit übt nach der obigen Untersuchung den größten Einfluss auf die Einschätzung aus, die andere Menschen von Ihnen haben. Seien Sie sich also bewusst, wie wichtig es ist, sich und seine Arbeit nach außen zu präsentieren: „Tue Gutes und rede darüber." Was heißt das nun für Sie in der Praxis? Zunächst sollten Sie sich mit dem Gedanken anfreunden, dass es nichts Verwerfliches ist, zu seinen Erfolgen zu stehen. Sie haben dafür hart gearbeitet und können etwas vorweisen.

So starte ich meine Öffentlichkeitsarbeit

Wenn Sie jetzt damit beginnen wollen, Öffentlichkeitsarbeit zu betreiben, sind es drei Aspekte, die Sie beachten sollten:

- Was kommuniziere ich?
- Wie kommuniziere ich es?
- Wo kommuniziere ich es?

Was kommuniziere ich?

Fokussieren Sie sich in Ihrer Öffentlichkeitsarbeit zunächst auf inhaltliche Aspekte und Ergebnisse, die Sie vorweisen können.

- Was haben Sie in der letzten Zeit erfolgreich gemacht? Was war Ihre persönliche Leistung?
- Welchen Nutzen bringt Ihre Arbeit?
- Wie können Sie dies belegen?

Indem Sie Ihre Arbeit und die Ergebnisse in den Vordergrund stellen, wird es Ihnen leichter fallen, darüber positiv zu sprechen, ohne das Gefühl zu haben, anzugeben oder Selbstbeweihräucherung zu betreiben.

„Unseren Reklamationsbearbeitungsprozess konnte ich durch das eben beschriebene Projekt um 3 Tage verkürzen". Diese sachliche Aussage genügt. Sie müssen daher nicht nochmals extra betonen, dass Sie gut sind. Diese Schlussfolgerung ziehen Ihre Adressaten dann von selbst.

Es ist deshalb sinnvoll, dass Sie Ihre Arbeit und die Ergebnisse immer wieder dokumentieren und Aufgaben bearbeiten, die auch „vermarktungsfähig" sind. Erinnern Sie sich an Übung 17 zum Thema Zeitmanagement? Dort haben wir gesehen, wie wichtig es ist z.B. strategische Aufgaben zu bearbeiten, die zwar nicht dringend aber mittel- und langfristig für Ihren Erfolg von Bedeutung sind.

Wie kommuniziere ich?

Entscheidend ist bei dieser Fragestellung immer, wer Ihr Gegenüber ist. Wir haben in Übung 25 („Werden Sie sich über Aufbau und Gestaltung einer Ausarbeitung klar") gesehen: Je höher eine Person in der Hierarchie angesiedelt ist, desto kompakter und komprimierter benötigt sie Informationen. In Übung 19 („Strukturieren Sie Ihre Gedanken") haben wir verschiedene Darstellungsformen kennengelernt. Überlegen Sie sich:

- Wer sollte die Information bekommen?
- Welche Aspekte sind für meinen Adressaten besonders wichtig?
- Wie kann ich ihm am leichtesten die wesentlichen Punkte vermitteln?
- Welches Medium eignet sich am besten?

Sie können beispielsweise

- einen kurzen Vortrag halten,
- eine Präsentation durchführen,
- einen Artikel schreiben,
- eine Telefonkonferenz organisieren,
- eine Demoveranstaltung machen und etwas vorführen,
- oder Informationen „beiläufig" einfließen lassen.

Wo kommuniziere ich?

Finden Sie einen geeigneten Rahmen für Ihre Öffentlichkeitsarbeit. Das Mitarbeitergespräch mit Ihrem Chef kann eine gute Gelegenheit darstellen, wenn Sie über Erfolge in Ihrer Arbeit berichten wollen, aber auch:

- Abteilungsbesprechungen,
- das firmeneigene Intranet,
- ein Weblog,
- soziale Netzwerke wie Xing, Twitter und Co.
- Fachvorträge auf Tagungen,
- Artikel in Fachzeitschriften,
- Beiträge in Internet-Foren,
- Arbeitskreise,
- informelle Treffen.

Online-Medien haben die Möglichkeit, sich sichtbar zu machen, massiv erhöht. So ist es dort ohne großen zeitlichen oder finanziellen Aufwand möglich, Beiträge zu veröffentlichen. Auch das Publizieren von Artikeln und Büchern kann heute mit Onlinedruck oder als E-Book leicht realisiert werden.

Entscheidend ist, dass Sie sich und Ihre Arbeit sichtbar machen.

▶ BEISPIEL: Präsenz schafft Wahrnehmung

Vor einiger Zeit führte ich eine Coachingveranstaltung zum Thema Selbstmarketing mit einer Gruppe von Wissenschaftlerinnen durch, die eine Professur anstreben. Dabei kam aus der Runde immer wieder die Äußerung, dass ihre männlichen Kollegen bevorzugt würden und mit weniger Arbeitsaufwand schneller eine Professur erreichten. „Wir betreuen mehr Studenten, schreiben mehr Veröffentlichungen, stehen unter einem enormen Druck und kommen nicht richtig voran."

Bei näherer Analyse stellte sich heraus, dass viele der Habilitandinnen in der Tat ein enormes Arbeitspensum an den Tag legten, eine Sache jedoch sträflich vernachlässigten: ein wirkungsvolles Selbstmarketing, bei dem sie die notwendige Präsenz zeigten. So waren sie bei Abendveranstaltungen, Verabschiedungsfeiern, Tagungen, Kongressen und sonstigen öffentlichen Auftritten weit weniger präsent als ihre männlichen Kollegen. Argumente wie „abends bin ich zu erschöpft von einem stressigen Tag, da kann ich nicht auch noch unterwegs sein" oder: „Auslandstagungen kann ich wegen der Kinder nicht besuchen" machen deutlich, warum diese Frauen wichtige Plattformen für die Öffentlichkeit nicht nutzen. Ziel ist es sicherlich nicht, „auf allen Hochzeiten zu tanzen" und überall wie ein „bunter Vogel" aufzutreten. Aber Wahrnehmung setzt Präsenz voraus.

Überlegen Sie sich

- welche Veranstaltungen,
- Personengruppen,
- Plattformen

für Sie und Ihre Arbeit besonders wichtig sind. Diese sollten Sie ganz gezielt in Ihrer Öffentlichkeitsarbeit berücksichtigen.

4.1.2   Kontakte und Netzwerke

Einen wesentlichen Aspekt Ihres Selbstmarketings stellen auch Kontakte und Netzwerke dar. Wir haben dieses Thema schon kurz bei der Erstellung Ihres Qualifikationsprofils (Kapitel 2.10) angesprochen. Wer gut „verlinkt" ist, bekommt Informationen schneller und wird bei interessanten Projekten und Aufgabenstellungen berücksichtigt. Die überwiegende Mehrzahl der zu besetzenden Stellen wird nicht öffentlich ausgeschrieben sondern über Kontakte besetzt. Sie sagen, das sei unfair? Aber was steckt dahinter, dass dies so ist?

Dazu ein kleines Beispiel: Sie sind erst kurze Zeit in einer neuen Stadt und suchen einen Zahnarzt. Wie gehen Sie vor? Fragen Sie Kollegen oder Nachbarn, suchen Sie im Internet oder schauen im Branchenbuch nach, um fündig zu werden?

Die Mehrzahl der Menschen wird sich etwas umhören, um einen guten Zahnarzt zu finden, denn schließlich will man ja nicht irgendwo landen. Man verlässt sich auf die Empfehlung von Menschen, denen man vertraut. Genau das ist das Prinzip. Es geht um Vertrauen. Es geht darum, Risiken möglichst zu vermeiden.

Vertrauen lässt sich natürlich nicht von heute auf morgen „verordnen". Es entsteht über positive Erfahrungen mit einem Menschen und braucht etwas Zeit. Wenn es Ihnen jedoch gelingt, mit Menschen ein solches Vertrauensverhältnis aufzubauen, ist dies sowohl persönlich als auch unter beruflichen Gesichtspunkten eine Bereicherung.

Sie sollten sich sowohl im Unternehmen als auch außerhalb Kontakte und Netzwerke bewusst aufbauen und auch pflegen. Seien Sie sich darüber im Klaren, dass Sie häufig auf die Unterstützung anderer angewiesen sind, um Ihre Ziele erreichen zu können. Hierzu bedarf es eines guten Beziehungsmanagements.

Selbstmarketing: Sie sind gut! Doch wie erfahren es andere?

Menschen schließen sich dann zu Netzwerken zusammen, wenn sie gezielt den Kontakt zu anderen mit ähnlichen Interessen und Erfahrungen suchen, um daraus Vorteile oder Synergien zu ziehen. Sehr gute Netzwerke in beruflicher Hinsicht sind Berufsverbände, wie z.B. der Verband der Ingenieure in Deutschland (VDI, www.vdi.de) oder die GDCh Gesellschaft Deutscher Chemiker (www.gdch.de). Dort treffen Sie Menschen mit einem ähnlichen fachlichen Hintergrund und weiteren Kontakten in Ihrer Szene. Recherchieren Sie, welcher Berufsverband für Sie passend wäre. Speziell für Frauen gibt es auch eine Reihe von Businessnetzwerken wie den B.F.B.M. e.V. (Bundesverband der Frau in Business und Management e.V., www.bfbm.de) oder EWMD (European Women's Management and Development International Network, www.ewmd.org), mit Regionalgruppen. Bei den Industrie- und Handelskammern gibt es die Wirtschaftsjunioren (www.wirtschaftsjunioren.de), ein Zusammenschluss von Unternehmern und Nachwuchsführungskräften bis zu einem Alter von 40 Jahren.

Die Internetplattform Xing (www.xing.de) ist das größte Netzwerk im deutschsprachigen Raum mit zahlreichen Kontaktmöglichkeiten. Über Foren und Regionalgruppen lassen sich gezielt Kontakte knüpfen. Auf internationaler Ebene stellt LinkedIn (www.linkedin.com) eine große berufliche Netzwerkplattform dar.

Checkliste: Die wichtigsten Aspekte für ein erfolgreiches Networking

1. Networking ist der bewusste Aufbau und die kontinuierliche Pflege von Kontakten mit dem Ziel, Teil eines lebendigen Netzwerkes zu sein.

2. Networking ist ein auf Geben und Nehmen ausgerichteter partnerschaftlicher Prozess, von dem alle Beteiligten profitieren sollten.

3. Werden Sie sich zunächst bewusst, warum Sie für andere als Netzwerkpartner(in) interessant sind. Gute Netzwerker fragen daher zuerst, was sie für andere tun, und dann, wie sie von anderen profitieren können.

4. Networking setzt den Willen voraus, sich aktiv einzubringen. Warten Sie deshalb nicht darauf, dass andere schon auf Sie zukommen werden.

5. Gute Netzwerker interessieren sich für Menschen. Sie kennen persönliche Vorlieben, Interessen und z.B. die Geburtstage ihrer Netzwerkpartner(in).

6. Um Netzwerkpartner kennen zu lernen, sollten Sie dort hingehen, wo sich Menschen mit einschlägigen Interessen, Kontakten und Fähigkeiten treffen (Messen, Tagungen, Ausstellungen, …). Oder werden Sie Mitglied in einem Berufsverband.

7. Eine positive Ausstrahlung und Sympathie-Gesten wie Lächeln und Blickkontakt erleichtern die Kontaktaufnahme und machen Sie für andere zu einem beliebten Gesprächspartner.

8. Wenn Sie einen gezielten Kontakt suchen, recherchieren Sie, mit wem Sie sprechen sollten. Ein „Aufhänger" ist hilfreich bei der Ansprache. Dies kann eine Empfehlung, ein gemeinsamer Bekannter oder etwas sein, das Sie verbindet.

9. Networking hat viel mit Vertrauen zu tun. Dieses entsteht nur über positive Erfahrungen mit einem Menschen über einen längeren Zeitraum. Pflegen Sie Kontakte. Eine Karte zum Geburtstag, ein kleiner Anruf zwischendurch helfen beispielsweise, die Verbindung am Leben zu erhalten.

10. Zeigen Sie sich für eine Gefälligkeit bei Ihren Netzwerkpartnern erkenntlich. Ein Blumenstrauß, ein persönlicher Kartengruß vermitteln Anerkennung und Wertschätzung. Sie zeigen damit, dass für Sie die Hilfe nicht selbstverständlich ist.

Vielen Menschen fällt es schwer, überhaupt mit anderen ins Gespräch zu kommen. Sie besuchen eine Tagung, sind auf einer Party oder treffen zum ersten Mal einen potenziellen Kunden. Was können Sie tun, um das Eis zu brechen? Das Stichwort heißt:

Smalltalk

Smalltalk ist wie ein Türöffner, mit dem Sie mit anderen Menschen in Kontakt kommen. Es ist eine unverfängliche Unterhaltung, die quasi das Eis bricht. Eine Frage, die Sie immer und überall stellen können, lautet bei Festen „Woher kennen Sie den Gastgeber" und bei Veranstaltungen „Was (welches Thema, welches Seminar) interessiert Sie hier am meisten?" Der beste Einstieg ist also immer der, der unmittelbar an der gemeinsamen Situation, bei der man sich trifft, anknüpft. Stellen Sie offene Fragen, das sind Fragen die mit „W-Wörtern" beginnen (wo, was, wer ...). Sie geben Raum und animieren damit Ihr Gegenüber etwas zu erzählen. Wählen Sie für den Einstieg eher unverfängliche Themen. Krankheiten, Politik oder Religionsfragen sollten bei den ersten Kontakten nicht Gesprächsgegenstand sein. Suchen Sie Gemeinsamkeiten. Je mehr Gemeinsamkeiten, Interessen, Erfahrungen oder Kontakte Sie mit einem Menschen teilen, umso höher ist die Wahrscheinlichkeit, dass es Ihnen gelingt, mit dieser Person eine gemeinsame Basis zu finden. Sie können einen positiven Einstieg auch dadurch erleichtern, dass Sie nonverbale Signale geben. Ein Lächeln, ein Blickkontakt, eine Geste eignen sich dabei sehr gut. Kommt Ihnen das irgendwie bekannt vor? Richtig, beim Flirten werden genau diese Elemente genutzt, um beim Gegenüber Aufmerksamkeit zu erreichen und Interesse zu wecken. Im beruflichen Kontext sollte Ihre nonverbale Kommunikation dezent und in den jeweiligen Rahmen passend eingesetzt werden.

4.2   Selbstpräsentation

Bereits im letzten Kapitel haben wir im Zusammenhang mit Ihrem Image die Themen Erscheinungsbild und Outfit kurz angesprochen. Während den meisten Damen diesen Themen durchaus eine wichtige Bedeutung beimessen, richten viele Herren insbesondere im naturwissenschaftlichen und technischen Umfeld so gut wie keine Aufmerksamkeit darauf. Es soll in diesem Kapitel nicht darum gehen, dass Sie sich zukünftig „verkleiden" müssen oder dass Sie aus sich einen „Blender" — schöne Hülle, wenig Inhalt — machen. Doch wenn Sie Ihre Fähigkeiten zukünftig wirkungsvoller einsetzen möchten, sollten Ihr äußeres Erscheinungsbild und das, was Sie als Person ausmacht, harmonisch zusammenspielen.

Die zentrale Zielsetzung ist dabei Authentizität, also Stimmigkeit. Diese bezieht sich auf Ihre äußere Erscheinung, Ihre Selbstpräsentation und die Inhalte, die Sie präsentieren und für die Sie stehen. Stimmigkeit hat unmittelbar mit Glaubwürdigkeit zu tun.

▶ **BEISPIEL: Jens Helfer, Produktmanager**

Jens Helfer ist Produktmanager in einem Unternehmen des Maschinenbaus, das sich auf die Entwicklung und Produktion von Robotern in der Verpackungsmittelindustrie spezialisiert hat. Ein wichtiger Kunde überlegt, eine neue Generation von Robotern für eine Produktionslinie einzusetzen. Die Gespräche mit dem Key-Account-Manager des Unternehmens sind schon recht gut vorangeschritten, jetzt kommen aber technische Detailfragen zur Sprache. Der Vertriebsleiter bittet Jens Helfer im Rahmen einer Kundenbesprechung in einer Produktdemonstration auf die Fragen des Kunden einzugehen.

Sie werden jetzt sagen, entscheidend ist doch, dass Jens Helfer inhaltlich die technischen Fragen des Kunden beantworten kann. Ja, das ist sicherlich richtig. Die Glaubwürdigkeit seiner Aussagen und die Überzeugungskraft hängen jedoch in erheblichem Maße auch davon ab, wie Jens Helfer dies tut und welche Wirkung er auf seine Gesprächspartner hat.

Beginnen wir mit dem Erscheinungsbild: Jens Helfer sollte darauf achten, dass er insgesamt einen gepflegten Eindruck macht. Hierauf haben seine Frisur, saubere Fingernägel, geputzte Schuhe und eine gut sitzende, saubere und aufeinander abgestimmte Kleidung einen wichtigen Einfluss. So sollte er keine ausgetretenen Sportschuhe zu seinem Anzug tragen, der nicht zerknittert sein sollte. Im Unterbewusstsein wird oft der Rückschluss gezogen: „Wenn er auf sich achtet und nicht nachlässig ist, wird er auch bei seinen Produkten darauf achten, dass alles Hand und Fuß hat." Schließlich repräsentiert Jens Helfer nicht nur sich sondern auch sein Unternehmen und dessen Produkte.

Ferner sollte Jens Helfer darauf achten, dass sein Outfit zu seinem Typ passt und ihn positiv unterstreicht. Hier kommt der Farbwahl und dem Stil eine wichtige Bedeutung bei. Aus der Erfahrung weiß ich, welchen Unterschied Farben und Kleidungsschnitte auf die Wirkung eines Menschen haben können. Farben können Frische und Lebendigkeit bei einer Person hervorzaubern oder sie zum fahlen Mauerblümchen machen. Ebenso bewirkt die Wahl der Kleidungsstücke (Material, Schnitt, Länge) einen enormen Unterschied, ob jemand als gedrungen, schlank oder unproportioniert wahrgenommen wird.

Lassen Sie sich einfach mal überraschen, welch unterschiedliche Wirkungen allein die Hemdkragenform bei einem menschlichen Gesicht erzeugen kann.

Wenn Sie sich bei diesen Themen unsicher fühlen, sollten Sie sich fachmännische Hilfe holen. Farb- und Stilberater sind hier die richtige Adresse, um Ihnen wichtige Hinweise geben zu können. Das kann soweit gehen, dass der Berater mit Ihnen gemeinsam einkaufen geht oder Ihren Kleiderschrank durchsieht. Im Zuge einer Stilberatung werden Sie auch nützliche Tipps bekommen, welches Outfit in welchen Rahmen passt. Damit stehen die Aspekte, was zu Ihnen passt und was zu dem betreffenden Anlass passt, ganz im Mittelpunkt.

4.2.1 Körperhaltung und -sprache

Die Art und Weise wie Jens Helfer dem Kunden gegenüber tritt, seine Haltung und seine Körpersprache werden ebenfalls entscheidenden Einfluss auf seine Wirkung beim Kunden haben. Wer sich künstlich klein macht, verängstigt von einem Bein auf das andere wechselt, verlegen mit seinen Fingern spielt und jeden Blickkontakt mit dem Kunden meidet, drückt kein Selbstvertrauen aus. Im Unterbewusstsein des Kunden kreist die Frage: „Ist er sich wirklich sicher, dass die neue Technik in den Robotern auch funktioniert? Er scheint selbst nicht gerade davon überzeugt zu sein! Irgendwie will er etwas vor uns vertuschen."

Sicherlich ist es schwierig, wenn Jens Helfer tatsächlich um massive technische Defizite seines Produktes weiß, dieses souverän zu präsentieren. (Für diesen Fall wird es in der Regel besser sein, darüber offen mit dem Kunden zu sprechen, um kein Vertrauen zu verspielen). Ist er jedoch von seinem Produkt überzeugt, sollte sich dies auch in der Art und Weise wie er dem Kunden gegenübertritt widerspiegeln.

4.2.2 Stimme

Die Stimme ist auch ein wichtiger Aspekt bei der Gesamtbeurteilung eines Menschen. Jens Helfer sollte laut und deutlich sprechen und dabei keine monotone Stimmlage und Sprechgeschwindigkeit wählen. Diese führt häufig zu einer Ermüdung der Zuhörer, sodass sie wichtige Argumente gar nicht erst aufnehmen können. Die unterbewusste Wirkung beim Gesprächspartner kann dabei sein: „Innovativ ist das vorgestellte Produkt wohl nicht: Ich kann keine „Highlights" erkennen."

4.2.3 Ausstrahlung

Die Ausstrahlung ist in der Regel ein Zusammenspiel der oben genannten Faktoren. Jens Helfer kann seine Wirkung durch einen lebendigen, die Zuhörer einbeziehenden Präsentationsstil positiv beeinflussen. Eine direkte Einbeziehung und Ansprache der Teilnehmer ist hier hilfreich, um deren wirkliche Bedenken erkennen und ausräumen zu können. Er sollte bei der Produktpräsentation unterschiedliche Medien nutzen — hierüber haben wir in Kapitel 2.7.4 beim Thema Medienkompetenz in Übung 24 „Verhelfen Sie Ihren Vorträgen und Präsentationen zu mehr Pfiff" schon ausführlich gesprochen.

4.3 Ihr persönliches Profil

Aus zahlreichen Gesprächen ist mir bewusst, dass es den meisten Menschen besonders schwer fällt, über sich selbst zu sprechen oder zu schreiben. Die Situation, sich kurz vorzustellen, kommt jedoch sehr häufig vor. Denken Sie nur an Arbeitskreise, Kundenpräsentationen, Kongresse oder an das klassische Vorstellungsgespräch, um nur einige Beispiele aus dem beruflichen Kontext zu nennen. Es geht darum, das, was Sie ausmacht, kurz und prägnant vorzustellen und bei Ihrem Adressaten auch eine bestimmte Wirkung zu erzielen.

Im Kundenkontakt sollte vermittelt werden, dass Sie als Ansprechpartner(in) kompetent und engagiert sind. Nachfolgend zwei Beispiele wie sich eine Mitarbeiterin im Vertriebsinnendienst beim ersten persönlichen Kundenkontakt vorstellt.

▶ **BEISPIEL: Andrea Wieland stellt sich vor (1)**

Ich heiße Andrea Wieland, bin 35 Jahre alt, verheiratet und arbeite im Vertriebsinnendienst der Merlau GmbH. Ich erledige alle anfallenden administrativen Arbeiten. Wenn Sie also Fragen haben oder es um die Auftragsabwicklung geht, werden Sie mit mir zu tun haben. Von der Ausbildung aus bin ich Bürogehilfin.

▶ **BEISPIEL: Andrea Wieland stellt sich vor (2)**

Ich freue mich, dass wir uns heute persönlich kennen lernen, nachdem wir schon letzte Woche telefonisch Kontakt hatten. So bekommt Ihre Ansprechpartnerin Andrea Wieland nun ein Gesicht. In meiner Funktion im Vertriebsinnendienst ist es mir besonders wichtig, dass Sie bei allen abwicklungstechnischen Fragen in mir eine kompetente Ansprechpartnerin haben. Aufgrund meiner kaufmännischen Ausbildung und der mehrjährigen Berufserfahrung in der Merlau GmbH kenne ich die jeweiligen internen Ansprechpartner und kann damit offene Punkte zügig für Sie klären. Also dann: auf gute Zusammenarbeit!

Welche Wirkung haben die beiden Selbstpräsentationen auf Sie? Von wem würden Sie sich lieber betreuen lassen?

4.3.1 Die schriftliche Selbstpräsentation

Wenn Sie als Bewerber(in) z.B. auf einer Messe mit einem Unternehmen ins Gespräch kommen oder sich einem Kunden als Berater präsentieren wollen, wird in der Regel auch eine schriftliche Präsentationsform erwartet. Während der tabellarische Lebenslauf in chronologischer Reihenfolge Ihren bisherigen Werdegang auflistet, können Sie mit einem Kurzprofil die wesentlichen Aspekte Ihrer Qualifikation klarer hervorheben. Ein Muster für ein Kurzprofil finden Sie nachfolgend. Bei der Erstellung wird Ihnen Ihr Qualifikationsprofil (siehe Kapitel 2.10) sicherlich sehr hilfreich sein.

Profil

17 Jahre Industrieerfahrung, zuletzt in einem internationalen Großkonzern, Funktionen: Leiter Technische Dokumentation und Lokalisierung, Consulting, Gesamtverantwortung Aus- und Weiterbildung in internationalem Umfeld, Branchen: Nachrichtentechnik, Telekommunikation (ISDN, Billing, Intelligent Network), Zutrittskontrolle, Zeiterfassung, Industrietechnik
Verantwortung: 50 Mitarbeiter, 10M US$ Budget

Persönliche Daten:	männlich, 46 Jahre, verheiratet, 1 Kind,
Studium:	geisteswissenschaftlicher Studienabschluss

Erfahrungsspektrum:

Projektmanagement:	Planung und Durchführung komplexer internationalen Trainings-, Dokumentations- und Lokalisierungsprojekte im Millionen US $-Bereich, Koordination von internationalen Bereichen, Projektoptimierung durch Outsourcing,
Personalentwicklung:	Skill Requirementanalysen und Re-Skilling Projekte, Aufsetzen und Implementieren von Curricula zur Personalaus- und weiterbildung
Change Management:	Vorbereitung und Steuerung von Innovationsprozessen, Unterstützung bei der Umsetzung von Technologiewandeln, Zusammenführung von unterschiedlichen Fachbereichen
Technical Training:	Entwicklung von Trainingscurricula und Lernzieltaxonomien, Blended Learning, Module zur Kunden- und Mitarbeiterausbildung, kundenspezifsche Anpassungen, Einbindung in Corporate Education, Profitcenter
Technical Documentation:	Dokumentationsentwicklung für Hard- und Software, kunden-spezifische Lösungen, Content Management Systeme, Marketingunterstützung, Profitcenter, Lokalisierungen von komplexer Customer Care und Billing Software, Einführung von Translation Memories, kunden-spezifische Lokalisierungen, Web basierte Terminologiewörterbücher, Profitcenter
Erfolge:	Kostensenkung durch technische Innovation, Gewinnmargen bis zu 20 %, Nutzen von Synergien bei der Zusammenführung internationaler Teams, Aufbau leistungsabhängiger Entlohnungssysteme,
Persönliche Stärken:	Innovative, führungsstarke Persönlichkeit mit unternehmerischem Denken in internationalem Umfeld, Stabsoffizier d. R., Englisch verhandlungssicher

Ferdinand Meier, Markgrafweg 28, D-746553 Künzelsau
Tel. +49-9740-9 88 88, Mobil +49-177-12 34 56, E-Mail: ferdinand.meier@email.de

Abbildung 27: Muster eines Kurzprofils

Das Kurzprofil eignet sich besonders als erster Türöffner und sollte Ihrem Ansprechpartner Appetit darauf machen, mehr über Sie zu erfahren.

Sie kennen die AIDA-Formel aus dem Marketing? Sie macht deutlich, welche gedanklichen Schritte Ihr Adressat bei der Durchsicht Ihrer Unterlagen durchlaufen sollte, um sich für Sie zu entscheiden.

A für Attraction	Die Darstellung sollte ansprechend sein, damit die Aufmerksamkeit des Lesers auf das Dokument gerichtet wird und er bereit ist, es näher anzusehen. Eine gute optische Aufbereitung, ein Foto und nicht zu viel Text können hier als Empfehlung gegeben werden.
I für Interest	Der Leser sollte durch die ersten Inhalte, die er liest, Interesse an Ihnen bekommen. Ein prägnanter Einstieg, Fakten und nachweisbare Erfolge können diese Wirkung erzielen.
D für Desire	Der Adressat sollte nach der Durchsicht des Profils den Wunsch haben, mehr über Sie zu erfahren.
A für Action	Schließlich gilt es den Leser dazu zu bringen, dass er aktiv wird und Kontakt mit Ihnen aufnimmt.

Zum Abschluss unseres Kapitels Selbstmarketing noch eine kleine Übung. Alle Aktivitäten im Zusammenhang mit einem wirkungsvollen Selbstmarketing sollten darauf hinauslaufen, dass Sie für andere wahrnehmbar sind und ein unverwechselbares Profil bekommen.

4.3.2   Sind Sie eine Marke?

Unternehmen lassen sich Markenzeichen sichern, um Alleinstellungsmerkmale zu besitzen. Auch Sie sollten eine unverwechselbare Marke mit einem Image besitzen, die Sie zu etwas ganz Besonderem macht und anderen dabei hilft, Sie wiederzuerkennen. Nachfolgend ein Beispiel zum besseren Verständnis.

▶ **BEISPIEL: Andrea Staufer steht mitten im Leben**

Andrea Staufer ist 42 Jahre alt, eine berufserfahrene Marktforscherin, die mitten im Leben steht. Von Ihrer Umwelt wird sie als stimmige, ausgeglichene Persönlichkeit wahrgenommen. Hierzu gehört, dass sie ein sicheres, jedoch sehr verbindliches Auftreten besitzt. Sie weiß, was sie kann, ist jedoch unkompliziert im Umgang. Andrea Staufer bevorzugt einen modisch-sportlichen Kleidungsstil. Sie wirkt sehr jugendlich, bewegt sich locker und ist in der Regel gut gelaunt. Andere Menschen sind gerne mit ihr zusammen, da sie eine positive Ausstrahlung besitzt. Ihr Aussehen, ihre Körpersprache und ihr Verhalten wirken authentisch und stimmig. Sie hat gute Umgangsformen und kann sich in unterschiedlichen Kreisen sicher bewegen.

Selbstmarketing: Sie sind gut! Doch wie erfahren es andere?

Übung 42: Beschreiben Sie Ihre Marke

Versuchen Sie bitte, Ihre Marke, das was Sie als Erkennungszeichen nach außen verkörpern, zu beschreiben — ähnlich wie wir es Ihnen am Beispiel Andrea Staufer vorgestellt haben.

Tipp 42: So beschreiben Sie Ihre Marke

Haben Sie Ihre Marke entdeckt? Und wenn ja, sind Sie damit zufrieden?

Überlegen Sie sich, was Sie an Ihrer Marke ändern können und ändern wollen. Unterschätzen Sie nicht die Bedeutung des äußeren Erscheinungsbildes und Ihrer Wirkung auf andere, insbesondere für den ersten Eindruck.

Die Gesamterscheinung zählt

Kleider machen Leute, schrieb schon Gottfried Keller. Aber hinter Ihrer Marke steckt mehr als nur die Kleidung. Ihr Outfit wird geprägt durch eine fein abgestimmte Gesamterscheinung. Hierzu gehören die Frisur, die Schuhe, der Schmuck, das Parfum bzw. Aftershave und bei den Damen auch das Make-up. Auch Piercing oder Tattoos haben Einfluss darauf, wie Sie von anderen wahrgenommen werden. Ist Ihr Gesamterscheinungsbild in sich stimmig? Wirken Sie gepflegt oder aufgedonnert, leger oder nachlässig? Wie passt Ihr Verhalten, die Art und Weise, wie Sie sich bewegen und geben, zu diesem Outfit? Betrachten Sie sich einmal von oben bis unten, bevor Sie aus dem Haus gehen?

Letztendlich hat Ihre persönliche Marke auch Einfluss darauf, was man Ihnen zutraut und welche Möglichkeiten sich Ihnen bieten. Ein Unternehmensvertreter, der mit einem Bewerber im Vorstellungsgespräch sitzt, stellt sich immer wieder die Frage: Ist das, was ich von dem Bewerber als „Marke" wahrnehme, so beschaffen, dass ich auf diese Art und Weise mein Unternehmen repräsentiert sehen möchte? Schließlich werden Sie als Mitarbeiter eines Unternehmens dessen Visitenkarte bekommen. Sie und das Unternehmen sind damit unweigerlich zu einer Einheit verbunden. Wenn ein Kunde mit Ihnen unzufrieden ist, bedeutet das nicht, dass er über Sie schlecht redet, sondern dass er Sie und Ihre Marke mit dem Unternehmen gleichsetzt und schlecht über das Unternehmen redet. Umgekehrt gilt, wenn Sie sich gut präsentieren, repräsentieren Sie auch Ihr Unternehmen gut.

! **Zusammenfassung: Das sollten Sie in diesem Kapitel erreicht haben**

Selbstmarketing ist ein wichtiger Einflussfaktor für Ihren beruflichen Erfolg. Es gilt sich und seine Fähigkeiten für andere sichtbar zu machen und sich authentisch zu präsentieren. Wie andere Menschen Sie sehen und was sie Ihnen zutrauen, wird durch mehrere Einflussfaktoren bestimmt. Allerdings ist nicht Ihr Wissen in erster Linie hierfür prägend, sondern Ihr Image und Ihre Öffentlichkeitsarbeit. Sie sollten nun in der Lage sein, durch ein aktives Selbstmarketing einen höheren Wirkungsgrad Ihrer Leistungen zu erzielen und sich als unverwechselbare Marke zu platzieren.

5 Berufliche Möglichkeiten: Wie geht es weiter?

In diesem abschließenden Kapitel wollen wir nun den Blick nach vorne richten und ganz gezielt Ihre weiteren beruflichen Schritte in Angriff nehmen. Wie wir im Kapitel Ihre persönliche Planung gesehen haben, gibt es grundsätzlich vier Möglichkeiten für die nächsten Schritte:

1. Sie bleiben in Ihrem bisherigen beruflichen Kontext und möchten sich dort weiterentwickeln.
2. Sie möchten in der Branche oder im Funktionsbereich bleiben, aber bei einem anderen Arbeitgeber arbeiten.
3. Sie möchten sich beruflich zu neuen Arbeitsfeldern orientieren.
4. Sie streben durch eine Existenzgründung Ihre Selbstständigkeit an.

5.1 Weiterentwicklung im bisherigen Kontext

5.1.1 Internes Netzwerk

Sie haben aufgrund der Standortbestimmung und der Zielplanung für sich entschieden, Ihren nächsten beruflichen Schritt im bisherigen Unternehmen zu machen. Ein gutes Netzwerk innerhalb des Unternehmens zu haben, ist in dieser Situation besonders wichtig.

Überlegen Sie sich, welche innovativen, aufstrebenden Bereiche es in Ihrem Unternehmen gibt. Verfolgen Sie über direkte Kontakte, das Intranet oder Mitarbeiterzeitschriften insbesondere diese Bereiche.

Innerhalb eines Unternehmens ist es recht einfach, auf Mitarbeiter anderer Bereiche zuzugehen und Interesse an deren Arbeit zu bekunden. Nutzen Sie auch gezielt Möglichkeiten, um in bereichsübergreifenden Projekten mitzuarbeiten und damit Ihren Bekanntheitsgrad und Ihr Wissen zu vergrößern. So ist es natürlich die beste Variante, wenn Sie bei einer entsprechenden Vakanz von den Verantwortlichen gezielt angesprochen werden. Dies setzt voraus, dass man Sie auch kennt, was wiederum ein entsprechendes Selbstmarketing Ihrerseits bedingt.

5.1.2 Mitarbeitergespräche nutzen

Sofern Sie in einem größeren mittelständischen Unternehmen oder in einem Großkonzern arbeiten, sind regelmäßige Mitarbeitergespräche üblicherweise fest institutionalisiert. Ihre weitere Entwicklung im Unternehmen ist dabei auch Gegenstand des Gespräches. Daher sollten Sie signalisieren, dass Sie an weiterführenden Aufgaben Interesse haben. Ein gezielter Mitarbeiterentwicklungsplan, der auch entsprechende Weiterbildungsmaßnahmen bezogen auf die angestrebte Position enthält, schafft einen guten Planungsrahmen. Streben Sie den nächsten Schritt für eine Führungsposition an, so gibt es zahlreiche Möglichkeiten, um Sie darauf vorzubereiten:

- Schulungen zur Mitarbeiterführung und Führungskräftetrainings.
- Die Vertretung einer Führungskraft während des Urlaubs oder über einen längeren Zeitraum.
- Projektleitertätigkeiten, bei denen zwar Mitarbeiterführung gefordert ist, jedoch keine disziplinarische Mitarbeiterverantwortung besteht.
- Individuelles Coaching.

5.1.3 Förderkreise

Bisweilen ergeben sich im Unternehmen ad hoc auch neue Perspektiven, die Sie bisher für sich nicht in Erwägung gezogen haben. Dazu ist es wichtig, dass im Unternehmen grundsätzlich bekannt ist, dass Sie an einer Veränderung interessiert sind und auch das Potenzial für weiterführende Aufgaben haben. Insbesondere größere Unternehmen haben so genannte Förderkreise, in die Mitarbeiter aufgenommen werden, die ihren nächsten Karriereschritt planen und seitens des Unternehmens auch als förderungswürdig angesehen werden. Daher ist es durchaus sinnvoll, auch im Gespräch mit dem Vorgesetzten oder dem Personalbereich gezielt die Aufnahme in einen Förderkreis anzusprechen. Sie sollten sich allerdings darüber im Klaren sein, dass von diesen Kandidaten auch eine erhöhte Mobilität und Flexibilität erwartet wird. Seien Sie darauf gefasst, dass nicht jeder Vorgesetzte es gerne hört, dass Sie sich verändern wollen. Fairness im Umgang miteinander kann hier so manchen Interessenkonflikt lösen. Es wird z. B. ein klarer Zeitrahmen vereinbart, zu dem der Wechsel erfolgen soll. Sie sagen im Gegenzug zu, dass Sie einen neuen Mitarbeiter gewissenhaft einarbeiten werden und eine saubere Übergabe sicherstellen.

5.1.4 Assessment-Center (AC)

Häufig wird im Rahmen der Personalentwicklung und der Potenzialerhebung auf das Instrument des Assessment-Centers zurückgegriffen. Auch wenn Ihnen das AC vielleicht als Auswahlinstrument bei externen Kandidaten bekannt ist, so findet es doch seinen häufigsten Einsatz im Rahmen der Personalentwicklung. Es soll das Potenzial eines Mitarbeiters im Hinblick auf weiterführende Aufgaben ermitteln.

Beim Assessment-Center beruht diese Einschätzung vorwiegend auf der Beobachtung und Bewertung des Verhaltens im Rahmen einzelner Übungen, bei denen Sie als Kandidat in Situationen hineinversetzt werden, die für die angestrebte berufliche Position typisch sind. Aus dem Verhalten in den Übungen ziehen die Beobachter Rückschlüsse auf Ihr zukünftiges Verhalten in der Realität.

Assessment-Center werden auch als Gruppenauswahlverfahren bezeichnet. In der Regel nehmen sechs bis zwölf Kandidaten teil, denen in der Regel vier bis sechs Beobachter, so genannte Assessoren, gegen-überstehen.

Bei der Besetzung von Top-Positionen werden teilweise auch so genannte Einzel-Assessment-Center durchgeführt, bei denen nur ein Kandidat beobachtet und bewertet wird.

Ein Assessment-Center dauert in den meisten Fällen zwischen einem und drei Tagen. Dies ist eine recht lange Zeit, und die Teilnahme stellt ziemlich hohe Anforderungen an Ihre Konzentrationsfähigkeit und Belastbarkeit.

Die Vielschichtigkeit des Verfahrens mit mehreren Beobachtern und einer Vielzahl von Übungen erhöht die Objektivität des Auswahl- und Beurteilungsprozesses und trägt damit auch zu einer höheren Nachvollziehbarkeit der Ergebnisse bei. Als Kandidat sind Sie damit nicht mehr auf Gedeih und Verderb auf das Urteil eines einzelnen Gesprächspartners angewiesen, sondern haben die Chance, durch mehrere Unternehmensvertreter fair beurteilt zu werden.

Ein weiterer Vorteil liegt darin, dass Sie Ihr im Rahmen der Standortbestimmung gewonnenes Bild durch diese Fremdeinschätzung hervorragend ergänzen können.

Die wesentlichen Bausteine eines Assessment-Centers werden in der folgenden Übersicht dargestellt.

Einzelübungen	Partnerübungen	Gruppenübungen
Postkorb-Übung	Konfliktgespräch	Gruppendiskussion
Präsentation und Einzelvortrag	Pro- und Kontradiskussion	Gruppenarbeit
Organisationsaufgabe		Fallstudie
Berufs- und Leistungstests*		Rollenspiel
Intelligenztests*		
Persönlichkeitstests*		
Einzelinterview*		

* ergänzende Elemente in Assessment-Centern

Im Wesentlichen lassen sich die Übungen in drei Kategorien einteilen:

1. Bei den Einzelübungen geht es darum, eigenständig Aufgaben zu bewältigen. Dies kann entweder in schriftlicher Form oder als Einzelpräsentation vor einer Gruppe von Zuhörern geschehen. Zu den Einzelübungen zählen auch die ergänzenden Elemente wie Testverfahren oder das Einzelinterview.
2. Bei den Partnerübungen stehen Kommunikation und Verhandlungsführung im Vordergrund, z.B. im Zweiergespräch Konflikte zu lösen oder im Verkaufsgespräch einen Gesprächspartner zu überzeugen.
3. Die Fähigkeit, sich im Rahmen eines Teams zu behaupten und konstruktiv in der Gruppe zu arbeiten, gewinnt zunehmend an Bedeutung. Gruppenübungen beleuchten das Kandidatenverhalten unter diesem Aspekt.

Wenn Sie sich intensiver mit Assessment-Centern beschäftigen und auch praktische Übungen bearbeiten möchten, empfehlen wir Ihnen unser Buch „Assessment Center" (siehe Literaturempfehlungen).

5.1.5 Eigeninitiative bei Kleinbetrieben

In Klein- oder mittelständischen Betrieben sind standardisierte regelmäßige Mitarbeitergespräche, Förderkreise oder Assessment-Center zur Potenzialerhebung eher unüblich. Aufgrund der überschaubaren Größe gilt es deshalb, die Entscheider im direkten Arbeitsalltag auf sich aufmerksam zu machen. Wenn Sie konkrete Vorstellungen haben, wie Ihre nächste Position aussehen könnte und es Ihnen gelingt, deutlich zu machen, dass dies auch einen direkten Nutzen für das Unternehmen hat, sind Klein- und mittelständische Betriebe oft sehr flexibel und für Veränderungen aufgeschlossen.

5.1.6 Weiterentwicklung auf der bisherigen Stelle

Oftmals bieten die betrieblichen Rahmenbedingungen oder eine eingeschränkte Mobilität Ihrerseits nicht die Möglichkeit eines Stellenwechsels. Aber auch auf der bisherigen Position gibt es durchaus die Chance sich weiterzuentwickeln:

- Weiterbildung: Nutzen Sie Weiterbildungsangebote, um Ihre Kompetenzen zu erweitern oder Ihre Kenntnisse zu vertiefen.
- Job-Enlargement: Indem Sie zusätzliche Aufgaben übernehmen, erweitern Sie Ihr Erfahrungsspektrum. Man spricht auch von einer horizontalen Erweiterung der Aufgaben. Dies kann auch in Verbindung stehen mit
- Job-Rotation: Hier wechseln mehrere Mitarbeiter Ihre Tätigkeiten mit dem Ziel der besseren Vertretung und der Erweiterung des eigenen Aufgabenspektrums.
- Job-Enrichment: Indem Sie hochwertigere Aufgaben in Ihrem Arbeitsbereich übernehmen, erweitern Sie Ihre Verantwortung. Man spricht auch von vertikaler Erweiterung. Diese ist in der Regel mit entsprechenden Schulungen verbunden.
- Projektarbeit: Die Mitarbeit bei Projekten in zeitlich befristeten Teams stellt ebenfalls eine Verbesserung Ihrer Qualifikation dar.
- Hospitation: Auch das zeitweise „Hineinschnuppern" in andere Bereiche oder Aufgaben erweitert Ihr Erfahrungsspektrum.

5.2 Weiterentwicklung in einem neuen Kontext

Wenn Sie für sich entschieden haben, dass Sie sich außerhalb Ihres bisherigen Unternehmens beruflich verändern wollen, kommt Ihnen sicherlich als Erstes das Thema Bewerbung in den Sinn. Natürlich können Sie Stellenangebote in Zeitungen oder im Internet sichten und sich dann darauf bewerben. Mit dem Videotraining „Die erfolgreiche Bewerbung", bei der Pink University unterstütze ich Sie dabei in allen Phasen der Bewerbung. http://www.pinkuniversity.de/die-erfolgreiche-bewerbung.html

5.2.1 Der verdeckte Arbeitsmarkt

An dieser Stelle möchten wir Ihr Augenmerk darauf richten, dass rund 75 % der vakanten Positionen über den verdeckten Arbeitsmarkt besetzt werden. Und wieder stoßen wir auf das Thema Kontakte und Netzwerke.

Jetzt zahlt es sich aus, wenn Sie die Beziehungen zu Menschen aus Ihrer Branche oder aus Ihrem Tätigkeitsbereich kontinuierlich gepflegt haben. Wenn Sie Veränderungsabsichten haben, sollten Sie dies Ihren Vertrauenspersonen entsprechend kommunizieren. Diese wissen es in der Regel als Erste, wenn Stellen in ihrem Unternehmen zu besetzten sind. Viele Unternehmen setzen ganz gezielt darauf, dass ihre Mitarbeiter interessante Bewerber ins Gespräch bringen, indem sie ihnen so genannte „Kopfgeldprämien" für jede Empfehlung bezahlen, die zu einer Einstellung führt. Das Prinzip, das dahinter steckt, müsste Ihnen nach diesem Coachingprogramm klar sein: Unternehmen wollen bei der Stellenbesetzung ihr Risiko eines Fehlgriffs reduzieren und verlassen sich auf Empfehlungen. Die eigenen Mitarbeiter werden nur Kandidaten vorschlagen, bei denen sie auch wirklich davon überzeugt sind, dass sie auf die Stelle passen werden. Schließlich müssen sie mit ihnen später zusammenarbeiten. Außerdem wollen sie das eigene Image im Unternehmen nicht gefährden. Wer will schon nach einer schlechten Empfehlung von seinem Chef hören: „Mensch, wen haben Sie uns denn da empfohlen?"

5.2.2 Identifikation potenzieller Arbeitgeber

Neben der Nutzung Ihrer Netzwerkkontakte sollten Sie gezielt potenzielle Arbeitgeber am Markt identifizieren. Als Orientierung kann Ihnen Ihr Ergebnis aus Übung 38 „Gewinnen Sie klare berufliche Zielvorstellungen" in Kapitel 3.3 dienen.

Das Internet ist dafür ein sehr wirkungsvolles Tool, da Sie gezielt mit den für Sie relevanten Parametern wie Branchen, Regionen und Produkten suchen können.

Auch zahlreiche Veröffentlichungen wie die der Hoppenstedt-Gruppe (www. hoppenstedt-firmendatenbank.de) oder der IHK können hierbei hilfreich sein. Lesen Sie regelmäßig Tageszeitungen, aber vor allem auch Fachzeitschriften, die Ihnen innerhalb der Szene einen guten Überblick über Unternehmen verschaffen. Als besonders wertvoll für die Identifikation potenzieller Arbeitgeber wird sich der Besuch von Fachmessen und Tagungen erweisen. Allein schon die Messekataloge sind eine wahre Fundgrube. Gehen Sie aktiv auf potenzielle Arbeitgeber zu. Es kann sinnvoll sein, Kontakt zu Mitarbeitern aus den entsprechenden Fachbereichen aufzubauen, um einen besseren Einblick zu bekommen, ob das Unternehmen wirklich für Sie interessant ist. In sozialen Netzwerken, wie z.B. Xing, können Sie gezielt nach Mitarbeitern bestimmter Fachabteilungen von Unternehmen suchen.

5.2.3   Der Kontakt zu Headhuntern

Für die meisten Menschen ist der Anruf eines Headhunters, der mit ihnen über eine interessante Position sprechen möchte, recht schmeichelnd. In der Tat ist dies ein Zeichen dafür, dass Sie außerhalb Ihres Unternehmens wahrgenommen werden und als interessanter Kandidat identifiziert wurden. Es ist durchaus sinnvoll, Gespräche mit Headhuntern zu führen, insbesondere wenn diese in Ihrer Branche gut etabliert und vernetzt sind. Wer angesprochen wird, ist in einer starken Position. Geben Sie am Telefon nicht zu viele Informationen preis, sondern versuchen Sie erst einmal auszuloten, ob die vakante Stelle für Sie tatsächlich interessant ist. Dann empfiehlt sich ein erster persönlicher Kontakt mit dem Berater. Auch wenn es nicht zu einem Stellenwechsel kommt, sind Personalberater an dem längerfristigen Kontakt mit guten Kandidaten interessiert. Das ist durchaus auch in Ihrem Interesse. So können Sie dem Berater auch signalisieren, wenn Sie an einem Wechsel Interesse haben.

Während bei internen Stellenwechseln größere Gehaltssprünge eher die Ausnahme sind, stellt sich die Frage nach dem Gehalt bei externen Bewerbungen bisweilen als schwierig dar. Daher sollten Sie sich im Vorfeld mit Ihrem Marktwert beschäftigen.

5.2.4   Kennen Sie Ihren Marktwert?

Die Ermittlung des Marktwerts ist letztendlich wie das Zusammenfügen eines Puzzles. Wesentlichen Einfluss auf Ihren Marktwert haben die nachfolgenden Kriterien:

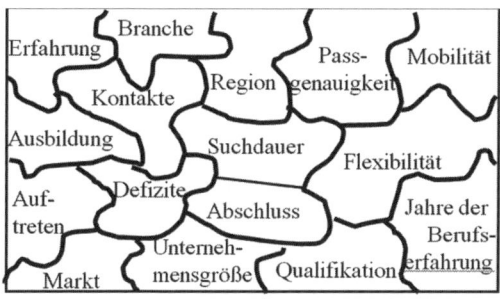

Abbildung 28: Was den Marktwert beeinflusst

Erfahrung: Die Bandbreite Ihrer Erfahrung und nachweisbaren Erfolge ist für einen Arbeitgeber echtes Geld wert.

Branche: Die gleiche Tätigkeit wird in unterschiedlichen Branchen sehr verschieden bezahlt. Das hängt auch mit den Tarifabschlüssen der einzelnen Branchen zusammen. So wird eine Sekretärin in der Metallbranche bei gleicher Leistung und gleichem Tätigkeitsumfang anders bezahlt als in der Chemieindustrie.

Region: Die regionalen Gehaltsunterschiede sind oft beachtlich. Wenn Sie beispielsweise in München eine Position antreten, sollte diese deutlich höher dotiert sein als eine vergleichbare Position in Bremerhaven. Da die Lebenshaltungskosten sehr unterschiedlich sind, benötigen Sie in München auch wesentlich mehr Geld, um sich einen vergleichbaren Lebensstandard leisten zu können.

Passgenauigkeit: Je besser Sie den Anforderungen der Stelle entsprechen, desto mehr wird der Arbeitgeber für Sie zu bezahlen bereit sein.

Mobilität: Wenn Sie bereit sind, überregional, deutschlandweit oder vielleicht sogar international zu arbeiten, können Sie einen höheren Marktwert ansetzen, da mehr Angebote für Sie in Frage kommen und seitens der Arbeitgeber Mobilität häufig nachgefragt wird.

Flexibilität: Je breiter Sie aufgrund Ihrer Kenntnisse und Qualifikationen eingesetzt werden können und je beweglicher Sie mit Ihren Arbeitszeiten sind, desto einfacher ist es für einen Arbeitgeber, Sie im Unternehmen sinnvoll zu platzieren.

Suchdauer: Wenn Sie längere Zeit aus dem Arbeitsmarkt ausgeschieden sind bzw. schon eine längere Suchphase haben, wird der Druck steigen, eine Stelle auch anzunehmen, die unter Ihrem eigentlichen Marktwert liegt.

Kontakte: Über den Stellenwert von Kontakten haben wir schon an verschiedenen Stellen in diesem Buch gesprochen, insbesondere auch bei Ihrem Qualifikationsprofil, in Kapitel 2.10. Wenn Sie über entsprechende Kontakte z.B. zu Kunden verfügen, steigert dies Ihren Marktwert für einen Arbeitgeber erheblich.

Ausbildung/Abschluss: Der Berufsabschluss, der Studienabschluss (Fachhochschule, Berufsakademie oder Universität, Bachelor oder Master), die Fachrichtung, aber auch Zusatzqualifikationen wie eine Promotion oder ein MBA haben Einfluss auf den Marktwert.

Auftreten: Der Marktwert ist kein absoluter Begriff, sondern hat viel damit zu tun, wie Sie es verstehen, sich und Ihre Qualifikation zu präsentieren. Ihr Erscheinungsbild und auch Ihr Selbstbewusstsein spielen eine wichtige Rolle. Wer beispielsweise arbeitslos ist, dem fällt es oft schwerer, souverän aufzutreten und Forderungen zu stellen. Hier zählen die eigenen Vermarktungsfähigkeiten.

Defizite: Unter den Begriff „Defizite" fallen alle Aspekte, die Sie einschränken oder Ihnen von Nachteil sind. Häufig handelt es sich um gesundheitliche Einschränkungen wie beispielsweise eine Schwerbehinderung oder für die Stelle notwendige aber nicht vorhandene Qualifikationen.

Marktsituation: Bei allgemein schlechter Konjunktur oder einer Flaute in einer bestimmten Branche oder Fachrichtung sinkt in der Regel der Marktwert eines Kandidaten. In unserem marktwirtschaftlichen System bestimmen Angebot und Nachfrage den Preis. Sind entsprechend qualifizierte Fachkräfte nur schwer auf dem Markt zu finden, so steigt ihr Marktwert.

Unternehmensgröße: Großunternehmen bezahlen, insbesondere bei Einbeziehung von Nebenleistungen, in der Regel besser als kleine Betriebe. Gleichzeitig sind sie aber auch stärker an einen festen Rahmen gebunden, der von der Zentrale festgelegt wird. Ein Mittelständler ist eher flexibler, wenn er Sie wirklich einstellen möchte.

Qualifikation: Ihre Qualifikation, die Sie einem Arbeitgeber anbieten können, hat zentralen Einfluss auf Ihren Marktwert. Für Arbeitgeber stellt sich bei jeder Einstellentscheidung die Frage: Welchen Nutzen habe ich von diesem Bewerber?

Jahre der Berufserfahrung: Zahlreiche Tarifverträge haben in ihren Einstufungen die Jahre der Berufserfahrung mit berücksichtigt.

Vielleicht fallen Ihnen noch weitere Faktoren ein, die Ihren Marktwert mitbestimmen. Wenn man Sie beispielsweise schon kennt, weil Sie in dem Unternehmen bereits als Werkstudent(in) gearbeitet haben, weil Sie bei der Konkurrenz als Mitarbeiter(in) sehr erfolgreich sind und man Sie unbedingt abwerben möchte oder weil Sie den Kontakt zu interessanten Kunden herstellen können.

Je geringer ein Arbeitgeber das Risiko für sich einschätzt, bei der Stellenbesetzung einen Fehlgriff zu tun, desto mehr ist er in der Regel bereit zu bezahlen. Ihre Aufgabe besteht demnach darin, alles zu tun, um einem potenziellen Arbeitgeber seine Bedenken und Zweifel zu nehmen. Das Thema Selbstmarketing lässt auch hier wieder grüßen.

Noch ein Wort speziell zum Thema Gehalt und Frauen. Die Statistik zeigt, dass Frauen nach wie vor auf vergleichbaren Positionen weniger Gehalt bekommen als ihre männlichen Kollegen. Eine nicht zu unterschätzende Ursache dieser Tatsache liegt darin begründet, dass Frauen in Gehaltsverhandlungen weniger fordern und ihren Marktwert nicht richtig einschätzen. Nur Mut meine Damen, seien Sie nicht zu bescheiden. Mithilfe dieses Coachingprogramms wird es Ihnen in der Zukunft besser gelingen, Ihren Marktwert in der Praxis zu realisieren.

Übung 43: Entwickeln Sie eine realistische Einschätzung Ihres eigenen Marktwerts

Wir haben bereits über die Frage gesprochen, wie Ihre nächste berufliche Zielposition aussieht. Überlegen Sie sich bitte, wie hoch Ihr Marktwert bezogen auf diese Position in der von Ihnen angestrebten Branche an dem von Ihnen bevorzugten Standort derzeit wäre.

Tipp 43: So entwickeln Sie eine realistische Einschätzung Ihres eigenen Marktwerts

Haben Sie einen konkreten Wert fixiert, den Sie für realistisch halten? Wie können Sie Informationen erhalten, um eine realistische Einschätzung Ihres Marktwerts vornehmen zu können?

Tarifverträge können einen ersten Einblick in die Gehaltsstruktur der Branche in der jeweiligen Region liefern. Auch die Gehälter von Bekannten und Kollegen, die in vergleichbaren Positionen tätig sind, ergänzen das Bild.

Die Jobbörsen bieten auf ihren Seiten häufig auch einen Button „Gehaltsvergleich". Dort können Sie Ihre relevanten Daten eingeben und erhalten eine Bandbreite, innerhalb derer sich vergleichbar qualifizierte Personen bewegen. Eine Orientierung stellt sicherlich auch Ihr bisheriges Gehalt dar. Aber Vorsicht: Ziehen Sie dieses nicht als alleiniges Orientierungskriterium heran. Die Zeiten, in denen ein Stellenwechsel automatisch mit 10-15 % Gehaltssteigerung einherging, sind vorbei.

Auch die Erfahrungen, die Sie bei Vorstellungsgesprächen sammeln, können als Orientierung gelten. Wenn das Gespräch immer sehr gut verläuft und sobald es zum Thema Gehaltsvorstellungen kommt, abrupt abfällt, sollten Sie über Ihren realistischen Marktwert nochmals nachdenken. Und schließlich können Sie aus Gesprächen mit Personalberatern und Menschen, die in einer vergleichbaren Position tätig sind, Anhaltspunkte für Ihren Marktwert erhalten.

5.2.5 Erfolg im Vorstellungsgespräch

Ganz gleich, wie Sie auf eine vakante Position gestoßen sind, ganz ohne Vorstellungsgespräch werden Sie nicht ans Ziel kommen. Das Vorstellungsgespräch ist sicherlich die klassische Situation, bei der Sie all das, was Sie im Kapitel 4 „Selbstmarketing", gelernt haben, umsetzen können. Zentrales Element jedes Vorstellungsgespräches ist das sogenannte „Matching" also der Abgleich, ob Sie und Ihre Qualifikation zu der vakanten Stelle passen. Ganz gleich, ob die Frage lautet „Bitte erzählen Sie doch etwas über sich!", „Warum sollten wir uns für Sie entscheiden?", „Schildern Sie uns doch bitte Ihre bisherigen beruflichen Erfahrungen.", immer steckt dahinter der Wunsch des Arbeitgebers, Argumente von Ihnen zu bekommen, warum er Sie einstellen soll.

Übung 44: Die 1-Minuten-Präsentation

Diese Übung stellt eine gute Vorbereitung auf ein Vorstellungsgespräch dar. Versuchen Sie das, was Sie für die Stelle qualifiziert, kurz und prägnant in einer Minute vorzustellen. Bringen Sie in Ihrer Selbstpräsentation nicht nur fachbezogene Informationen. Sagen Sie auch etwas über sich als Mensch mit Ihren Vorlieben und Interessen sowie über Ihre Erfahrungen und Erfolge. Das bleibt in der Regel stärker haften als nur die Aneinanderreihung von Fakten wie Name, Alter, Berufsabschlüsse und ausgeführte Tätigkeiten.

Tipp 44: Die 1-Minuten-Präsentation

Sie glauben eine Minute ist viel zu kurz, um all das, was Sie zu bieten haben aufzuführen? Haben Sie es versucht und die Zeit einmal gestoppt, die Sie gesprochen haben? Es ist sicherlich einfacher, 10 Minuten über sich zu reden als sich auf das Wesentliche zu fokussieren.

Nachfolgend zwei Beispiele, wie ein Jurist nach dem zweiten Staatsexamen und eine erfahrene Personalleiterin sich beim Vorstellungsgespräch in einer Minute präsentieren.

▶ **BEISPIEL: Jörn Huber, Berufsstarter Jurist**

„Mein Name ist Jörn Huber. Ich darf mich seit zwei Wochen mit dem Bestehen des Zweiten Staatsexamens Volljurist nennen. Den Ausschlag für meine Berufswahl hat mein Interesse für internationale Beziehungen und unterschiedliche Rechtssysteme gegeben. Da ich aufgrund der Diplomatentätigkeit meines Vaters schon als Kind und Jugendlicher viel in der Welt herumgekommen bin, habe ich Einblick in sehr unterschiedliche Kulturen und Wertesysteme erhalten. Dies ist sicherlich unter anderem ein Grund dafür, dass ich mich in neuen Umgebungen sehr schnell zurechtfinden kann und dass mir der Umgang mit unterschiedlichen Menschen und Kulturen leicht fällt. Ich spreche Englisch, Französisch und Spanisch fließend. Im Studium habe ich mich insbesondere mit der wirtschaftlichen Zusammenarbeit auf internationaler Ebene beschäftigt und hier auch praktische Erfahrung während meiner Wahlstation bei der OECD sammeln können.

Meine Vorgesetzten im Referendariat bescheinigen mir eine hohe Belastbarkeit und ein ausgeglichenes Wesen. Ich kann mich schnell in Themen einarbeiten und mir einen Überblick verschaffen. Dies kam mir besonders bei der Arbeit in der Sozietät Müller & Strobel in Wien zugute. Bereits nach kurzer Zeit wurde mir das Vertrauen geschenkt, selbstständig Mandate zu betreuen. Privat bin ich ein begeisterter Segler. Die bisher größte Herausforderung in dieser Richtung war eine Tour um den italienischen Stiefel bei heftigen Sturmböen, die uns als Team richtig zusammengeschweißt hat. Gesellschaftlich engagiere ich mich bei den Wirtschaftsjunioren, die unter der Schirmherrschaft der Industrie- und Handelskammern wirtschaftspolitische Projekte und Fragestellungen bearbeiten."

▶ **BEISPIEL: Berufserfahrene Personalleiterin**

„Sie finden in mir eine berufserfahrene Personalleiterin, die in ihrer derzeitigen Position täglich unter Beweis stellt, dass sie die gesamte Palette der Personalarbeit sicher beherrscht. Mein besonderer Schwerpunkt liegt in der Personalentwicklung. So habe ich letztes Jahr ein neues Potenzialanalyseverfahren eingeführt, das auch von den Fachbereichen sehr positiv aufgenommen wurde. Für die von Ihnen auf diesem Gebiet geplanten Änderungen bin ich also gut vorbereitet.

Meine Vorgesetzten schätzen an mir besonders meine Offenheit und mein hohes Engagement. Dass ich Humor habe und auf Menschen zugehen kann, hat mir meine Arbeit bisher immer sehr erleichtert. Ich verstehe mich als Business-Partner meiner Kunden aus dem Fachbereich, die von mir eine professionelle Dienstleistung erhalten. Ich bin mir bewusst, dass ich als Personalleiterin eine Vorbildfunktion im Unternehmen einnehme. Das heißt, die Unternehmenswerte auch zu leben und für Mitarbeiter ansprechbar zu sein. So gewinne ich auch einen guten Einblick über das, was im Unternehmen los ist und kann frühzeitig Maßnahmen ergreifen, damit Probleme erst gar nicht entstehen.

Meine arbeitsrechtlichen Kenntnisse sind auf dem aktuellen Stand. Auch in meiner derzeitigen Position führe ich die Verhandlungen mit dem Betriebsrat, das ist für mich also vertrautes Terrain. An der von Ihnen zu besetzenden Position reizt mich, dass sie eine konsequente Weiterentwicklung meines bisherigen Werdegangs darstellt."

Checkliste: Erfolg im Vorstellungsgespräch — Das Wichtigste auf einen Blick

Zu einer guten Vorbereitung gehören:

Das Sammeln von Informationen über den Arbeitgeber und die Arbeitsstelle.

Der Abgleich der eigenen Fähigkeiten mit dem Anforderungsprofil der Stelle.

Die Anfahrtsplanung (Fahrtzeit, Parkmöglichkeiten, Lokalität vorab kennen).

Das richtige Outfit nach dem Motto: Wohl fühlen und in den Rahmen passen.

Für die Einladung danken und Vorabinformationen zum Gespräch sammeln.

Eigene Fragen überlegen.

Sich auf wahrscheinliche Fragen vorbereiten, z.B.: „Erzählen Sie etwas über sich!"

Eine positive Grundeinstellung: Das Gespräch ist eine Chance, keine Gefahr!

Verstehen Sie sich als gleichberechtigter Gesprächspartner und nicht als Bittsteller. So wie Sie Ihre Interessen in dem Gespräch „verkaufen", würden Sie aus dem Blickwinkel Ihres Gesprächspartners auch als Repräsentant(in) des Arbeitgebers auftreten.

Reden Sie über Ihre Fähigkeiten und Erfahrungen, nicht nur über Ihre Schwächen und Defizite.

Stellen Sie eigene Fragen, die erkennen lassen, dass Sie sich für das Unternehmen und die angestrebte Tätigkeit interessieren.

Versuchen Sie zum Thema Gehalt zunächst eine Aussage Ihres Gesprächspartners zu erhalten. Damit schaffen Sie sich eine günstigere Verhandlungsposition. Denken Sie beim Gehalt immer daran, dass nicht die nackte Monatsvergütung entscheidend ist, sondern das „Gesamtpaket", das Sie aushandeln.

Stellen Sie sicher, dass am Gesprächsende eine klare Vereinbarung steht, wer sich bis wann wieder meldet.

Bedanken Sie sich für das Gespräch (vielleicht sogar mit einer Karte. In den USA ist dies üblich und wird „Thank you note" genannt).

5.3   Neuorientierung: Wollen Sie ganz neue Wege gehen?

Sie werden im Rahmen der Standortbestimmung und der Zieldefinition festgestellt haben, dass Sie das, was Sie bisher gemacht haben, zukünftig nicht mehr tun wollen. Vielen Menschen macht es zunächst Angst, loszulassen und sich auf das Abenteuer einer beruflichen Neuorientierung zu begeben. Natürlich sollten Sie nichts überstürzt tun. Es geht darum, dass Sie sich systematisch an mögliche neue berufliche Felder herantasten und kritisch prüfen, ob dies eine realistische Perspektive für Sie darstellen kann. Vier gedankliche Schritte sind dazu notwendig:

Schritt 1	Sie kennen Ihre Kompetenzen und Fähigkeiten.
Schritt 2	Sie kennen Ihre Neigungen und Interessen.
Schritt 3	Sie identifizieren mögliche neue Berufsfelder, mit denen sich Ihre Kompetenzen und Fähigkeiten, aber auch Ihre Neigungen und Interessen verbinden lassen.
Schritt 4	Sie suchen konkrete Ansatzpunkte, um dieses Berufsfeld für sich zu erschließen.

Schritt 1 haben Sie in diesem Coachingprogramm sehr ausführlich erörtert. Nun geht es darum, mehr über Ihre Neigungen und Interessen zu erfahren. In Kapitel 3.1 haben Sie bei dem Thema Ziele hierzu schon wichtige Ansatzpunkte gefunden. Vertiefen Sie Ihre Erkenntnisse bezüglich Ihrer Neigungen und Interessen mit den folgenden Fragen.

In **Schritt 2** beantworten Sie dazu die folgenden Fragen:

- Wenn Sie freie Zeit zur Verfügung haben, womit beschäftigen Sie sich am liebsten?
- Arbeiten Sie gerne körperlich, d.h., möchten Sie etwas mit Ihren eigenen Händen gestalten?
- Lieben Sie den Kontakt mit Menschen?
- Arbeiten Sie gerne mit Daten und Informationen?
- Beschäftigen Sie sich gerne mit einem Thema ganz alleine oder macht es Ihnen mehr Spaß, mit anderen gemeinsam etwas zu tun?
- Gibt es Themen, bei denen Sie die Zeit vergessen, wenn Sie sich damit beschäftigen?
- Haben Sie schöne Erinnerungen an bestimmte Tätigkeiten, die Sie schon lange nicht mehr ausgeübt haben? Wenn ja, welche Tätigkeiten?
- Gibt es Themen, mit denen Sie sich schon länger beschäftigen möchten, bisher aber noch nicht die Zeit oder einen Ansatzpunkt gefunden haben, dies zu tun?
- Beneiden Sie Menschen um einen Beruf, eine Tätigkeit oder ein Hobby? Benennen Sie diese Tätigkeiten.
- Haben Sie bestimmte Präferenzen, wo Sie eine Tätigkeit ausüben? (drinnen, im Freien, im Labor, im Büro usw.)

In **Schritt 3** geht es darum, Berufsfelder zu finden, bei denen sich Ihre Interessen und Neigungen mit Ihren Fähigkeiten und Kompetenzen verknüpfen lassen.

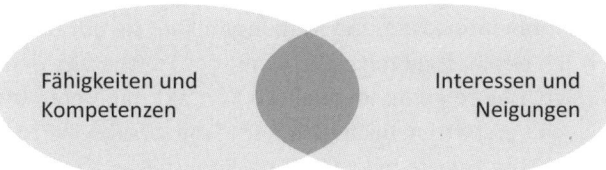

Abbildung 29: Entdecken Sie die Schnittmenge

Schritt 4 besteht darin, mehr über diese neu entdeckten möglichen Arbeitsfelder zu erfahren. Ziel ist es, herauszubekommen, auf welchen Gebieten sich unter Berücksichtigung der Möglichkeiten des Arbeitsmarkts realistische Ansatzpunkte finden lassen, um eine berufliche Tätigkeit darauf zu begründen.

Hierzu benötigen Sie in erster Linie Informationen und Kontakte zu Menschen, die sich mit den Themen schon beschäftigt haben.

▶ **BEISPIEL: Carola Wegner erschließt sich ein neues Berufsfeld**

Carola Wegener hat ein Studium als Tierärztin absolviert und arbeitet seit vier Jahren in einer Tierarztpraxis für Kleintiere. So richtig Spaß macht ihr die Arbeit nicht mehr. Alles muss schnell gehen. Es bleibt keine Zeit, um sich mit den Tieren oder den Tierhaltern intensiver zu beschäftigen. Sie spürt, wie ihre Begeisterung für ihren einstigen Traumberuf schwindet. Sie hat jedoch keine Vorstellungen, was sie sonst beruflich machen könnte.

Kernkompetenzen

Als Kernkompetenzen hat sie für sich identifiziert:

- Ich habe ein gutes Wissen über Tiere, insbesondere Kleintiere.
- Ich besitze solide allgemeine medizinische Kenntnisse.
- Ich beschäftige mich gerne mit neuen wissenschaftlichen Erkenntnissen.
- Ich habe Kenntnisse in der Architektur.
- Ich besitze ein gutes räumliches Vorstellungsvermögen.
- Ich kann Sachverhalte anschaulich beschreiben und visualisieren.
- Ich habe aufgrund meines freundlichen und hilfsbereiten Wesens eine hohe Akzeptanz bei Kunden.
- Ich besitze ein ausgeprägtes Einfühlungsvermögen.
- Ich habe Geduld im Umgang mit Menschen und Tieren.
- Ich bin kreativ bei der Lösung von Aufgaben.
- Ich habe Organisationsgeschick.
- Ich besitze eine hohe Belastbarkeit.
- Ich habe klare Vorstellungen, wie eine Aufgabe angegangen werden sollte.
- Ich bin bereit, einen hohen Einsatz zu bringen, damit ich mein Ziel erreiche.

Interessen und Neigungen

Bei ihren Interessen und Neigungen kam sie auf die folgenden Punkte:

- Ich beschäftige mich gerne mit der Psyche der Tiere.
- Ich arbeite gerne im direkten Kontakt mit Tieren und Menschen.
- Ich beschäftige mich sehr gerne mit älteren Menschen.
- Ich interessiere mich für Feng-Shui (die asiatische Lehre über die Gestaltung von Räumen).
- Ich möchte gerne etwas verändern und gestalten.
- Ich bevorzuge eine selbstständige Tätigkeit mit freier Zeiteinteilung.
- Ich liebe es, andere Menschen für das zu begeistern, wovon ich selbst überzeugt bin.
- Ich spiele gerne Klavier.
- Ich mache gerne Radtouren an Flüssen entlang.

Mögliche Arbeitsfelder

Aus diesen beiden Zusammenstellungen versucht sie, verschiedene Kombinationen zu bilden, die mögliche Arbeitsfelder für sie sein könnten. Dabei geht sie wie bei einem Brainstorming völlig spontan vor und schreibt auf, was ihr in den Sinn kommt, ohne zunächst darüber nachzudenken, ob das eine realistische Alternative sein könnte:

- Arbeit mit Tieren und älteren Menschen
- Gestaltung von Wohnräumen für ältere Menschen unter Berücksichtigung medizinischer Belange und Feng-Shui
- Entwicklung neuer Konzepte und Therapien für ältere Menschen unter Einbeziehung von Tieren
- Schaffung von Kooperationen zwischen Altersheimen und Tierheimen

Da sich Carola Wegener bisher nicht mit diesen Arbeitsfeldern beschäftigt hat, heißt nun der nächste Schritt, sich diese unterschiedlichen Felder näher zu erschließen. Dies kann sie am besten durch die Recherche von Informationen und den Kontakt mit Menschen erreichen.

Recherche von Informationen

Für die Recherche von Informationen über die möglichen Arbeitsfelder beginnt sie zunächst damit herauszubekommen, ob es zu diesen Gebieten bereits Erfahrungen und Erkenntnisse gibt. Ihre Medienkompetenz bei der Beschaffung von Informationen hilft ihr dabei. So nutzt sie das Internet, tritt mit Verbänden in Kontakt und besorgt sich Literatur zu den einzelnen Themenfeldern.

Kontakte

Im nächsten Schritt versucht sie, Kontakte zu Personen zu finden, die auf diesen Gebieten bereits tätig sind oder zumindest Kenntnisse oder Erfahrungen besitzen.

Wichtig ist, dass Carola Wegener in diesem Prozess ganz bewusst alle Wahrnehmungsorgane auf „Empfang" schaltet. Egal ob sie sich mit Freunden oder Kollegen unterhält, einen Beitrag im Fernsehen sieht oder eine Fachzeitschrift liest, immer ist im Hinterkopf der Gedanke parat: Ist diese Information im Hinblick auf die weitere Erschließung der möglichen Arbeitsfelder hilfreich für mich? Motivierend ist für sie die Erfahrung, dass es wesentlich einfacher als vermutet ist, auf Menschen zuzugehen und sie über Themen, mit denen sie sich beschäftigen, zu befragen. Indem Carola Wegener ihr Interesse an dem betreffenden Thema zum Ausdruck bringt und den Gesprächspartnern Wertschätzung zuteilwerden lässt, öffnen sich viele Türen, die zunächst verschlossen schienen.

PIE-Methode

Daniel Porot, ein französischer Bewerbungsberater aus Genf und Schüler des bereits in Kapitel 2.9.1 erwähnten Karriereexperten Richard Bolles, hat dieses Vorgehen unter dem Begriff PIE systematisch ausgebaut. Dabei steht

P für Plaisir oder privat,
I für Information oder informelle Informationsgespräche und
E für Einstellinterviews.

Porot und Bolles unterrichten diese Methode, die wir im Folgenden erläutern wollen, sehr erfolgreich in ihren Seminaren und konnten damit Tausenden von Menschen helfen, sich neue berufliche Perspektiven zu erschließen.

Auf fremde Menschen zugehen

Um die Hemmung zu überwinden, auf fremde Menschen zuzugehen, schlagen Porot und Bolles vor, dies zunächst bei Themen zu versuchen, die mit dem beruflichen Ziel nichts zu tun haben und bei denen daher die Angst, zurückgewiesen zu werden oder zu versagen, sehr gering ist.

Plaisir oder privat: Carola Wegener sprach zunächst mit Menschen über eines ihrer Hobbys, Radtouren entlang von Flüssen. Dabei stellte sie fest, wie leicht es ihr fiel, spontan auf Menschen zuzugehen, sei es in einem Radclub, bei einem Reiseveranstalter von Fahrradtouren oder auch im Kreis von Freunden, die ihr Hobby teilen. Diese Gespräche stellen die erste Stufe, das „P" dar.

Information oder informelle Informationsgespräche: In der zweiten Stufe („I") ging sie auf Menschen zu, die in den von ihr angestrebten Arbeitsfeldern Erfahrung oder Kenntnisse besitzen. Sie sprach mit Betreibern von Altersheimen, Wissenschaftlern auf dem Gebiet der Therapie von älteren Menschen, Betreuern in Tierheimen und Innenarchitekten. Hilfreich waren ihr dabei die folgenden Fragen:

- Wie sind Sie dazu gekommen, sich mit diesem Thema zu beschäftigen?
- Was gefällt Ihnen daran?
- Was finden Sie nicht so schön, sprich was müssen Sie in Kauf nehmen?
- Was sollte man mitbringen, um in diesem Feld beruflich erfolgreich zu sein?
- Und schließlich: Mit wem sollte ich noch sprechen, wenn ich mehr über das Thema erfahren möchte?

Die letzte Frage kann auch als Jokerfrage gesehen werden, da Sie sich damit den Zugang zu anderen Experten auf dem Gebiet erschließen. Über den bestehenden Kontakt wird es auch deutlich leichter sein, auf den vorgeschlagenen Gesprächspartner zuzugehen. Schließlich können Sie sich auf den Empfehlenden beziehen und haben damit einen Vertrauensvorschuss.

Einstellinterviews: Mit diesem Schatz an neuen Informationen und Kontakten suchte sie schließlich konkrete Ansprechpartner, die als mögliche Auftraggeber, Projektpartner und Arbeitgeber für sie in Frage kommen. Diese Gespräche stehen für das „E".

Übung 45: Erschließen Sie sich neue Berufsfelder

Nun sind Sie an der Reihe. Versuchen Sie, sich nach obigem Schema neue Berufsfelder zu erschließen.

Tipp 45: So erschließen Sie sich neue Berufsfelder

Konnten Sie aus diesen Anregungen neue Ansatzpunkte für sich entwickeln und Arbeitsfelder identifizieren? Diese Übung lässt sich sicherlich nicht einfach nebenbei in einer guten halben Stunde bearbeiten. Wenn Sie aber wirklich auf der Suche nach neuen Wegen sind, werden Sie die Energie aufbringen, die beschriebenen Schritte zu tun. Sie werden dabei eines feststellen: Es wird Felder geben, die für Sie zunächst spannend klingen, bei näherem Betrachten aber an Attraktivität verlieren. Das bedeutet, dass dieses Vorgehen immer wieder auch in Sackgassen führen wird. Durch die Beschäftigung mit Arbeitsfeldern werden sich aber auch immer wieder ganz neue Optionen eröffnen, an die Sie vorher gar nicht gedacht haben oder die Ihnen einfach unbekannt waren. Verlassen Sie sich hier auf Ihr „Bauchgefühl": Es ist ein sehr verlässlicher Indikator dafür, ob sich eine mögliche Option als wirklich interessant erweist oder keine weitere Bedeutung für Ihre Neuausrichtung hat.

Gerade in dieser Phase der Neuorientierung ist es sehr hilfreich, professionelle Unterstützung durch einen Karriereberater zu erhalten, der den Prozess kompetent begleiten kann.

5.4 Existenzgründung: Ich mache mich selbstständig!

Eine mögliche Alternative zu einer Festanstellung kann auch der Weg in die Selbstständigkeit sein. „Sein eigener Chef sein" ist für viele Menschen ein lang ersehnter Traum. Es gibt zahlreiche Beispiele von Menschen, die diesen Schritt auch im fortgeschrittenen Alter sehr erfolgreich gegangen sind. Die Selbstständigkeit bietet sicherlich den höchsten Freiheitsgrad, um seine beruflichen Ziele umsetzen und die eigenen Ideen verwirklichen zu können. Gleichzeitig beinhaltet sie auch einige Risiken, die im Vorfeld der Entscheidung näher beleuchtet werden sollten. Dies gilt ganz besonders, wenn Sie in Ihrem Berufsleben noch nie als Selbstständiger gearbeitet haben und auch in Ihrem engeren persönlichen Umfeld keine Selbstständigen haben.

Entscheidend ist die Motivation, mit der Sie eine Selbstständigkeit anstreben. Der Frust über bisher nicht erfolgreiche Bewerbungen auf eine Festanstellung ist sicherlich nicht der beste Antrieb. „Ich habe so die Nase voll von Bewerbungsschreiben und diesem sich anbiedern, jetzt mache ich mich selbstständig!" ist sicherlich nicht die Lösung aller Probleme. Schließlich werden Sie als Selbstständiger sich und Ihre Dienstleistung oder Ihre Produkte kontinuierlich anbieten müssen, um am Markt bestehen zu können.

Lassen Sie uns deshalb kurz beleuchten, was es heißt Unternehmer zu sein. Im Wesentlichen sind es drei Faktoren, die erfolgsrelevant sind:

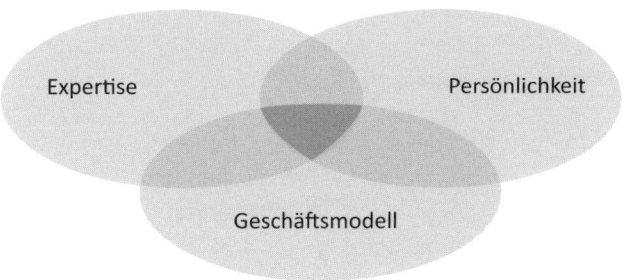

Abbildung 30: Die drei Erfolgsfaktoren

Expertise

Sie sollten auf dem Gebiet, mit dem Sie sich selbstständig machen wollen, ein Fachmann sein, also Ihr „Handwerk" verstehen. In manchen Bereichen sind für die Existenzgründung auch formale Qualifikationen notwendig: denken Sie an einen Arzt, einen Handwerker oder einen Rechtsanwalt. Wichtig ist, dass Sie neben der rein fachlichen Kompetenz auch die Spielregeln des Marktes kennen und idealerweise auf diesem Markt schon tätig waren. Haben Sie z. B. schon im Rahmen eines Anstellungsverhältnisses in einer Versicherungsagentur gearbeitet, wird Ihnen der Schritt in die Selbstständigkeit auf diesem Markt leichter fallen. Übung 45 „Erschließen Sie sich neue Berufsfelder" (siehe Kapitel 5.3) kann Ihnen auch bei der Existenzgründung helfen, einen guten Einblick in den von Ihnen angestrebten Markt zu erhalten.

Persönlichkeit

Den wohl erfolgskritischsten Faktor stellt Ihre Persönlichkeit dar. Sind Sie ein Unternehmertyp? Ein wesentliches Merkmal der Selbstständigkeit besteht darin, dass Sie sehr viel Eigenmotivation und -antrieb benötigen, da niemand Ihnen Zielvorgaben macht oder Sie motiviert. Dies erfordert eine außerordentliche Disziplin. Ob herrliches Wetter ist oder Freunde Sie zu einem Stadtbummel animieren: Wenn Sie wichtige Aufgaben zu erledigen haben, sollten Sie sich nicht ablenken lassen. Aber auch in der entgegengesetzten Richtung gilt es Disziplin zu zeigen, damit Sie sich nicht selbst ausbeuten und gar nicht mehr zur Ruhe kommen. Eine Balance, wie wir sie in Übung 40 „Befinden Sie sich in Balance?" (siehe Kapitel 3.5) näher beleuchtet haben fällt gerade Selbstständigen oft schwer, da sie häufig sieben Tage in der Woche arbeiten oder zumindest gedanklich bei der Arbeit sind und sich selbst für die eigene Weiterbildung kaum Zeit gönnen. Auch mit der Tatsache umgehen zu können, dass eben kein geregeltes Monatseinkommen auf dem Konto eingeht, gehört zur Selbstständigkeit. Hier ist es natürlich von Vorteil, wenn Sie finanzielle Reserven haben oder wenn das Familieneinkommen nicht ausschließlich von Ihnen zu bestreiten ist. Im Kapitel 2.9 beim Punkt „Welche Persönlichkeitsmerkmale haben Sie" haben wir zahlreiche Übungen durchgeführt, die Ihnen ein besseres Gefühl dafür geben, ob Sie sich für die Selbstständigkeit eigenen.

Als Selbstständiger müssen Sie ein guter Verkäufer sein, der auf Menschen zugehen kann. Nur wenn Sie überzeugend Ihr Produkt oder Ihre Dienstleistung am Markt präsentieren, also authentisch sind, werden Sie andere überzeugen können. Das Thema Selbstmarketing lässt auch hier wieder grüßen.

Einen Faktor sollten wir an dieser Stelle nicht ungenannt lassen: Ihr soziales Umfeld. Wenn Sie in einer Partnerschaft leben, sollten Sie das Thema Existenzgründung sehr intensiv diskutieren, da dies sowohl wirtschaftlich als auch was die Zeiteinteilung und den Tagesablauf betrifft, direkten Einfluss auf das Zusammenleben haben wird. Die Existenzgründung wird Ihnen deutlich leichter fallen, wenn Sie auch privat Rückendeckung haben und Ihr beruflicher Schritt entsprechend unterstützt wird.

Geschäftsmodell

Der dritte Faktor stellt den inhaltlichen und wirtschaftlichen Rahmen für Ihre Existenzgründung dar. Hier geht es um ein klares Profil, was Sie anzubieten haben, wer Ihre Zielgruppe ist und wie Sie sich am Markt positionieren wollen. Was Sie brauchen, ist ein Businessplan, der alle diese Faktoren beinhaltet und auch eine Abschätzung Ihrer voraussichtlichen Einnahmen und Ihrer Kosten vornimmt. Wir reden also über die Wirtschaftlichkeit und die Tragfähigkeit Ihres Konzeptes. Es gibt mittlerweile eine große Zahl von Existenzgründungszentren, die Sie im Vorfeld und in der Anfangsphase Ihrer Existenzgründung unterstützen können. Dort werden auch alle Fragen, die Krankenversicherung, Gewerbeschein und steuerliche Regelungen betreffen, behandelt. Wenn Sie sich aus der Arbeitslosigkeit heraus selbstständig machen, erhalten Sie von Seiten der Arbeitsagenturen oder der Jobcenter Hilfestellungen, damit die ganze Sache auf soliden Beinen steht. In jedem Fall sollten Sie sich ein betriebswirtschaftliches Basiswissen aneignen, damit Sie erkennen, ob Sie rote oder schwarze Zahlen schreiben.

Sehr hilfreich ist auch die Erstellung eines Aktionsplans, der alle im Vorfeld der Gründung notwendigen Aktivitäten beinhaltet. Nachfolgend ein Muster, damit Sie auch unter zeitlichen Gesichtspunkten alles im Griff haben.

Aktionsplan Existenzgründung

Teilziel	Maßnahmen	Termin bis	✓
Erstellung eines Businessplans für die Selbstständigkeit	Marktanalysen mit Gesprächen bei Herstellern von Systemen	März	
	Kostenplanung für die Existenzgründung	April	
	Besuch Existenzgründungsseminar	April	
Finanzierung sicherstellen	Finanzbedarf mit Steuerberater ermitteln	Mai	
	Gespräche mit der Hausbank	Mai	

Franchising

Eine Variante der Existenzgründung ist der Einstieg in ein Franchisingsystem, bei dem Sie das Recht erwerben unter einer bestimmten Marke aufzutreten. Ob TUI Reisebüros, McDonald's, Obi Baumärkte oder die Tiernahrungskette Fressnapf — sie alle sind Franchisingsysteme, deren Geschäfte von selbstständigen Unternehmern geführt werden. Hunderte von Franchise-Systemen sind im Deutschen Franchise Verband organisiert. Der Vorteil liegt sicherlich in dem etablierten Namen und in der Marketingbetreuung durch den Franchisegeber, die häufig auch betriebswirtschaftliche Hilfestellungen einschließt. Das alles hat natürlich auch seinen Preis. Mehr Informationen können Sie über den Deutschen Franchise Verband (www.dfv-franchise.de) erhalten.

Übernahme eines Unternehmens

Warum ein eigenes Unternehmen gründen, wenn es schon etablierte Firmen gibt? Die Industrie- und Handelskammern können bei der Suche nach geeigneten Betrieben behilflich sein, bei denen z. B. aus Altersgründen ein Nachfolger gesucht wird. Auch unter www.businessbroker.de können Sie Ansatzpunkte finden.

Partnerschaft

Statt sich allein selbstständig zu machen, bietet sich auch die Variante der Partnerschaft an. Wenn Sie sich für eine Existenzgründung mit Partnern entschließen, sollten sie auf klare Regelungen achten. Besonders wenn Sie im Familien- oder Freundeskreis Unternehmen gründen, wird häufig euphorisch ans Werk gegangen, ohne mögliche Schwierigkeiten oder Streitpotenziale zu bedenken. Ein Vertrag, der die wesentlichen Eckpunkte schriftlich fixiert, kann hier manchen Ärger ersparen.

Checkliste: Die wichtigsten Aspekte für Ihre Existenzgründung

1. Ich habe eine in sich schlüssige Geschäftsidee entwickelt und den Markt sowie den Standort hierfür gründlich untersucht.

2. Ich verfüge über die notwendige Expertise auf diesem Gebiet und erfülle auch alle formalen Voraussetzungen, um mich selbstständig zu machen.

3. Mein Angebotsspektrum und meine Zielgruppe sind klar definiert.

4. Ich habe mir Gedanken gemacht, ob ich alleine, im Rahmen von Franchising, durch eine Firmenübernahme oder mit einem Partner die Existenzgründung plane.

5. Mir ist bewusst, dass die Selbstständigkeit besondere Anforderungen an meine Selbstmotivation, Disziplin und Frustrationstoleranz stellt.

6. Ich habe mit meinem Partner/meiner Partnerin das Thema Selbstständigkeit und die damit verbundenen Rahmenbedingungen besprochen.

7. Ich habe mich über alle notwendigen Schritte im Zusammenhang mit der Existenzgründung informiert und bin im Kontakt zu einem Existenzgründungszentrum oder einem Existenzgründungscoach.

8. Ich habe einen Aktionsplan erstellt, welche Schritte ich wann zu erledigen habe.

9. Ich habe einen Businessplan erstellt, der mein Geschäftsmodell beschreibt und auch das Zahlenmaterial im Hinblick auf die Wirtschaftlichkeit umfasst.

10. Der Businessplan wurde von einem Fachkundigen (Steuerberater, IHK, Existenzgründungsberater) als tragfähig beurteilt.

6 Der Abschlusstest

Langsam nähert sich unser Coachingprogamm seinem Ende. Nach der Durcharbeitung dieses Buches sollten Sie mehr Transparenz über sich und Ihre Fähigkeiten gewonnen und sich Gedanken gemacht haben, wo Sie beruflich hinwollen und wie Sie die nächsten Schritte konkret in Angriff nehmen. Ihnen ist bewusst, dass ein in sich stimmiges Selbstmarketing ein entscheidender Faktor für Ihr berufliches Weiterkommen ist. Mittels zahlreicher Beispiele haben Sie hoffentlich auch Ihre Einstellung gegenüber dem Thema Selbstmarketing verändern können und stehen diesem nun positiv gegenüber. Die Übungen haben Ihnen praktische Ansatzpunkte gegeben, wie Sie die Erkenntnis für sich auch in der Praxis umsetzten können.

Lassen Sie uns nochmals kurz zurückgehen und den eingangs durchgeführten Test erneut bearbeiten. Mal sehen, ob sich in Ihren Antworten etwas verändert hat: Bitte beantworten Sie die Fragen, die Sie ganz zu Beginn dieses Test- und Trainingsprogramms bereits bearbeitet haben, nun noch einmal.

Was wissen Sie über sich?

1	Kennen Sie Ihre persönlichen Stärken im Vergleich zu anderen Menschen?

a) Ja, ich kenne meine Stärken und kann mich im Vergleich zu anderen Menschen realistisch einschätzen.

b) Ich kenne meine Stärken, bin mir aber nicht sicher, wie sie im Vergleich zu anderen Menschen zu bewerten sind.

c) Ich bin mir meiner Stärken nicht so richtig bewusst.

d) Ich glaube, ich habe keine besonderen Stärken im Vergleich zu anderen Menschen.

2	Haben Sie in der Vergangenheit regelmäßig eine Bestandsaufnahme Ihrer beruflichen Situation vorgenommen?

a) Ja, mindestens einmal im Jahr.

b) Nicht regelmäßig, aber ab und zu.

c) Ich habe mir schon einmal Gedanken darüber gemacht.

d) Bisher habe ich das noch nicht gemacht.

3   Haben Sie klare Ziele, wohin Ihre weitere berufliche Ausrichtung gehen soll?

a)   Ja, ich habe klare Vorstellungen und weiß, wie ich diese Ziele erreiche.

b)   Ich habe Fernziele, die ich erreichen möchte.

c)   Mir schwirren viele Dinge durch den Kopf, aber klare Ziele habe ich nicht definiert.

d)   Ich habe keine klare Vorstellung davon, wohin ich mich beruflich entwickeln möchte.

4   Sind Sie sich Ihrer Qualifikation bewusst und können Sie sie nachvollziehbar belegen?

a)   Ich kenne meine Kompetenzen und kann sie belegen.

b)   Ich denke, ich weiß, was ich kann. Es fällt mir jedoch oft schwer, das auch anderen nachvollziehbar zu vermitteln.

c)   Ich bin oft unsicher, ob das, was ich kann, sich von anderen wirklich abhebt.

d)   Ich habe mir bisher nie richtig Gedanken darüber gemacht, was ich wirklich kann.

5   Bilden Sie sich regelmäßig in Ihrem Fachgebiet weiter?

a)   Ja, Weiterqualifizierung ist für mich eine zentrale Aufgabe, um auch zukünftig auf dem Arbeitsmarkt wettbewerbsfähig sein zu können. Hierzu investiere ich auch Freizeit und eigene finanzielle Mittel.

b)   Ich schaue mich schon um, was sich in meinem Fachgebiet tut, und lese entsprechende Zeitschriften.

c)   Wenn mein Arbeitgeber Schulungsmaßnahmen anbietet, nutze ich diese.

d)   Ich habe eine gute Ausbildung, das müsste doch reichen.

6   Kennen Sie alternative berufliche Möglichkeiten, die Sie mit Ihrer Qualifikation verwirklichen könnten?

a)   Ich habe einen guten Marktüberblick, informiere mich regelmäßig über neue Trends und Entwicklungen und weiß mich dort zu positionieren.

b)   Ich schaue schon mal rechts und links, um Alternativen für mich zu entdecken, allerdings nicht systematisch und regelmäßig.

c)   Ich interessiere mich sehr dafür, weiß aber nicht so recht, wie ich da vorgehen soll.

d)   Ich habe keine Vorstellung davon, was ich alternativ machen könnte.

7   Kennen Sie Ihren aktuellen Marktwert?

a)   Ja, ich informiere mich regelmäßig und teste auch meinen Marktwert, indem ich mich auf andere Positionen bewerbe.

b)   Ich spreche öfters mal mit Kollegen und Freunden, was die verdienen, um mir einen Überblick zu verschaffen.

c) Wenn z.B. Gehaltsspiegel veröffentlicht sind, lese ich diese ab und zu.

d) Nein, keine Ahnung.

8 Wissen Sie, welche Faktoren Einfluss auf Ihre Motivation haben?

a) Ich kenne die Einflussfaktoren und setze sie gezielt ein.

b) Ich weiß, was mich anspornt und was mich eher runterzieht, allerdings kann ich diese Dinge nicht bewusst beeinflussen.

c) Ich habe manchmal Probleme, mich selbst zu motivieren.

d) Ich habe mir noch nie Gedanken darüber gemacht.

9 Haben Sie eine klare Vorstellung davon, wie Sie von Ihrer Umwelt wahrgenommen und eingeschätzt werden?

a) Ja, ich fordere gezielt Rückmeldungen ein, wie ich von anderen gesehen werde. Diese decken sich mit meiner Selbsteinschätzung zu einem sehr hohen Prozentsatz.

b) Wenn ich von Anderen Feedback bekomme, nehme ich das gerne auf und mache mir Gedanken dazu.

c) Ich weiß die Rückmeldungen, die mir andere geben, nicht so richtig einzuordnen.

d) Ich habe Angst, von anderen zu erfahren, was sie über mich denken.

10 Wissen Sie, wodurch Sie sich am meisten entmutigen und einschüchtern lassen?

a) Ich kenne diese Faktoren und habe in der Vergangenheit immer gezielt darauf hingearbeitet, sie zu umgehen.

b) Ich weiß, was mich behindert, sehe aber keine Möglichkeit, Einfluss darauf zu nehmen.

c) Ich habe bisher nicht erkennen können, wodurch ich mich besonders einschüchtern lasse.

d) Darüber habe ich mir noch nie Gedanken gemacht.

11 Sind Sie Veränderungen gegenüber aufgeschlossen?

a) Ich sehe Veränderungen als Chance und gestalte sie bewusst mit.

b) Man sollte den Fortschritt nicht aufhalten, also akzeptiere ich Veränderungen.

c) Veränderungen verursachen bei mir Unsicherheit, ob ich dem Neuen gewachsen bin.

d) Ich habe Angst vor Veränderungen und versuche, mich so wenig wie möglich mit Veränderungen zu beschäftigen.

12 Haben Sie ein Netzwerk an Kontakten?

a) Ich gehe gezielt auf Menschen zu, knüpfe Kontakte und pflege diese auch.

b) Ich kenne eine Reihe von Leuten, habe aber keine Zeit, die Kontakte zu pflegen.

c) Ich bin für Kontakte offen.

d) Ich mache mir nicht viel aus Kontakten.

13 Können Sie andere Menschen für Ihre Ideen begeistern?

a) Ja, ich bekomme immer wieder entsprechende Rückmeldungen.

b) Ich denke schon.

c) Ich spiele mich nicht so gern in den Vordergrund.

d) Ich weiß nicht.

14 Sind Sie mit Ihrer bisherigen beruflichen Entwicklung zufrieden?

a) Ja, ich habe in Bezug auf die von mir gesteckten Ziele schon viel erreicht.

b) Ich denke, ich kann im Vergleich zu anderen ganz zufrieden sein.

c) So richtig zufrieden bin ich nicht.

d) Ich bin sehr unzufrieden, weiß jedoch nicht, was ich konkret dagegen machen kann.

15 Achten Sie auf Ihr äußeres Erscheinungsbild?

a) Ja, ich achte darauf, mich typgerecht und gepflegt zu kleiden. Ich weiß, was zu mir passt und meinen Typ positiv unterstreicht.

b) Ich weiß, Kleider machen Leute, also spare ich nicht bei der Kleidung.

c) Ich passe mich in der Kleidung an.

d) Mein Erscheinungsbild ist mir nicht so wichtig, innere Werte zählen für mich.

16 Haben Sie Menschen Ihres Vertrauens, zu denen Sie gehen können, wenn Sie Probleme haben?

a) Ja, ich habe ein stabiles soziales Umfeld, das mich in schwierigen Situationen stützt und begleitet.

b) Wenn ich Probleme habe, finde ich schon immer jemanden, bei dem ich meine Sorgen loswerden kann.

c) Manchmal fühle ich mich schon etwas allein gelassen.

d) Ich lebe sehr zurückgezogen und behalte meine Probleme für mich.

17 Achten Sie auf Ihre Gesundheit und körperliche Fitness?

a) Ich treibe regelmäßig Sport, achte auf gesunde Ernährung und unterziehe mich regelmäßig einem Gesundheitscheck.

b) Ich vermeide Dinge, die meiner Gesundheit schaden.

c) Ich habe keine Zeit, Sport zu treiben oder auf meine Gesundheit zu achten.

d) Ich beschäftige mich bisher nicht damit.

18 Haben Sie eine gute Balance zwischen Arbeits- und Privatleben?

a) Ich habe einen guten Ausgleich zu meinem beruflichen Engagement. Mein Privatleben ist mir wichtig und ich kann in meiner Freizeit neue Kraft tanken.

b) Ich versuche, neben dem Job auch private Belange unter einen Hut zu bekommen.

c) Für Privates bleibt bei mir meistens keine Zeit.

d) Ich habe mir darüber noch nie richtig Gedanken gemacht

19 Nehmen Sie bei Ihrer Karriereplanung professionelle Hilfe in Anspruch?

a) Ich spreche regelmäßig mit Karriereberatern meine weitere Entwicklung durch, besuche Veranstaltungen und lese Bücher, die mich in meiner weiteren Planung unterstützen.

b) Ich nehme Anregungen von Dritten auf, wenn sie mir geboten werden.

c) Ich weiß nicht, wo ich solche Hilfe bekommen kann.

d) Das mache ich alleine.

20 Haben Sie Visionen und Träume?

a) Große Ziele und Visionen sind ein wichtiger Motor für mich, um mein Potenzial voll auszuschöpfen.

b) Ich habe schon ab und zu Träume, ob ich diese allerdings realisieren kann, bin ich mir nicht so sicher.

c) Träume sind schön, aber für mich wohl unerreichbar.

d) Nein, das ist mir alles zu weit weg.

Analyse des Abschlusstests

Die Auswertung dieses Tests nehmen Sie wieder genauso vor wie am Anfang des Buches. Sie finden die Hinweise hierzu nach dem Test in Kapitel 1.2.

Und? Wie haben Sie im Vergleich zum Anfangstest abgeschnitten? Haben Sie ein klareres Bild von sich, Ihren Kompetenzen, Zielen und Möglichkeiten erhalten? Fühlen Sie sich nun sicherer, um die angestrebten Ziele in Angriff zu nehmen und die eigenen Fähigkeiten besser für andere sichtbar zu machen? Dann hat sich das Coachingprogramm für Sie gelohnt und Sie sollten sich selbst auch zu diesem Erfolg beglückwünschen. Und dann heißt es: Ärmel hochzukrempeln und Kurs auf Ihre Ziele zu nehmen. Punkten Sie mit Ihren Stärken — machen Sie was daraus!

Nachwort

Ihre Anmerkungen, Anregungen oder auch Vorschläge im Hinblick auf dieses Coachingprogramm interessieren uns sehr. Und im Rahmen der individuellen Karriereberatung stehen wir Ihnen natürlich auch auf Ihrem weiteren Weg begleitend zur Seite. Sie finden den Kontakt zu uns über „www.karriereabc.de".

Mit dem Videotraining „Die erfolgreiche Bewerbung" der Pink University begleite ich Sie virtuell in allen Phasen des Bewerbungsprozesses. http://www.pinkuniversity.de/die-erfolgreiche-bewerbung.html

Wir wünschen Ihnen für Ihre weitere berufliche und private Zukunft alles Gute und natürlich viel Erfolg!

Herzlichst

Doris und *Frank Brenner*

Die Autoren

Doris Brenner, Dipl.-Betriebswirtin (BA), ist als freie Beraterin mit den Schwerpunkten Personalentwicklung und Karriereberatung tätig. Sie bildet Führungskräfte dazu aus, Kernkompetenzen zu erkennen, vorhandene Potenziale auszuschöpfen und unterstützt Menschen dabei, ihre individuellen Karrierewege zu finden (www.karriereabc.de). Zu den Themen Personalauswahl, -entwicklung und Karriereplanung publiziert sie regelmäßig. Sie ist Initiatorin und Gründungsvorstand der DGfK Deutsche Gesellschaft für Karriere e. V. (www.dgfk.org).

Frank Brenner, Dipl.-Verwaltungsbetriebswirt (FH), ist als Führungskraft in der internationalen Luftfahrtbranche tätig. Er besitzt viel Erfahrung in der Potenzialerkennung von Mitarbeitern und der Nachwuchskräfteförderung.

Die Publikationen der Autoren wurden mittlerweile über 600.000-mal verkauft.

Abbildungsverzeichnis

Abbildungsverzeichnis

Literaturverzeichnis

Baczko, Michael; Brenner, Doris: Ein Fall für Escher — Kündigung, Arbeitslosigkeit — Was dann? Haufe Verlag, Freiburg i.Br., 2005

Birkner, Monika: Erfolgreich als Solo-Unternehmer. Walhalla Fachverlag, Regensburg, 2013

Bolles, Richard N.: Durchstarten zum Traumjob.. Campus Verlag, Frankfurt a.M., 2012

Brenner, Doris: Karrierestart nach dem Studium. Haufe Verlag, Freiburg, 2015

Brenner, Doris: Bewerberinterviews sicher und zielgerichtet führen. Springer Gabler, Wiesbaden, 2014

Brenner, Doris: Beurteilungsgespräche souverän führen. Springer Gabler, Wiesbaden, 2014

Brenner, Doris: Onboarding Springer Gabler, Wiesbaden, 2014

Brenner, Doris; Engst, Judith; Kaufmann, Stephanie u.a.: Duden Ratgeber — Handbuch Bewerbung. Bewerbungen optimal vorbereiten und durchführen. Duden Verlag, Mannheim, 2012

Brenner, Doris: Duden Praxis kompakt — Telefoninterviews: das Wichtigste für Bewerber. Duden Verlag, Mannheim, 2011

Brenner, Doris; Brenner, Frank: Assessment Center. 3. Auflage, Gabal Verlag, Offenbach a.M., 2010

Fisher, Roger u.a.: Das Harvard Konzept. Klassiker der Verhandlungstechnik, Campus Verlag, Frankfurt a.M., 2009

Knoblauch, Jörg; Wöltje, Holger: Zeitmanagement. Perfekt organisieren mit Zeitplaner und Handheld. Haufe, Freiburg i. Br., 2012.

Küstenmacher, Werner Tiki; Seiwert, Lothar: Simplify your Life. Einfacher und glücklicher leben. Campus Verlag, Offenbach a.M., 2001

Tschumi, Martin; Brenner, Doris: Die 200 besten Checklisten zur Personalarbeit. Redline Wirtschaft, Frankfurt a.M., 2006

Willmann Georg: Erfolg durch Willenskraft. Gabal Verlag, Offenbach a.M., 2015

Stichwortverzeichnis

Exklusiv für Buchkäufer!

Ihre Arbeitshilfen zum Download:

▶ http://mybook.haufe.de/

▶ Buchcode: CZM-0491